高等学校规划教材

轧制测试技术

主　编　宋美娟
副主编　李立新　朱永祥

北　京
冶金工业出版社
2022

内 容 提 要

本书为高等学校材料加工与控制工程专业教学用书。该书充分体现了实用性和先进性，内容包括材料加工生产中测试技术的基本原理、测试系统的组成、非电量电测法及各种传感器交换原理、力能参数的测量等，以及板带钢、型钢轧制过程中在线检测技术等。

本书可作为高等学校相关专业教材或技术培训教学用书，也可供研究生或现场技术人员参考。

图书在版编目（CIP）数据

轧制测试技术／宋美娟主编 .—北京：冶金工业出版社，2008.1
（2022.12 重印）
高等学校规划教材
ISBN 978-7-5024-4427-3

Ⅰ. 轧… Ⅱ. 宋… Ⅲ. 轧制—测试技术—高等学校—教材 Ⅳ. TG33

中国版本图书馆 CIP 数据核字（2008）第 002618 号

轧制测试技术

出版发行	冶金工业出版社	电　话	（010）64027926
地　址	北京市东城区嵩祝院北巷 39 号	邮　编	100009
网　址	www.mip1953.com	电子信箱	service@ mip1953.com

责任编辑　俞跃春　美术编辑　彭子赫　版式设计　张　青
责任校对　侯　瑅　责任印制　窦　唯
北京虎彩文化传播有限公司印刷
2008 年 1 月第 1 版，2022 年 12 月第 7 次印刷
787mm×1092mm　1/16；12.5 印张；333 千字；189 页
定价 38.00 元

投稿电话　（010）64027932　投稿信箱　tougao@cnmip.com.cn
营销中心电话　（010）64044283
冶金工业出版社天猫旗舰店　yjgycbs.tmall.com
（本书如有印装质量问题，本社营销中心负责退换）

前　言

本书是冶金行业"十一五"规划教材。随着科学技术的不断发展,特别是轧制新工艺、新技术的不断涌现,轧制过程对测试技术提出了更高的要求。为了满足现代冶金技术专业人才培养和工程技术人员培训需要,编写了本教材。

本教材特别注重教学内容的针对性、实用性和先进性,紧密结合轧钢前沿新技术有关内容,增加了传感器与微机的连接内容,并将轧制过程在线检测作为重点章节内容。

本书由宋美娟担任主编,李立新、朱永祥担任副主编,参加编写的有重庆科技学院宋美娟(绪论、第7章),任蜀焱(第2、3章),朱永祥(第4章、附录),胡彬(第5章),阳辉(第6章),武汉科技大学李立新(第8章)。

重庆科技学院喻廷信老师对本书的初稿提出宝贵意见,在此表示衷心的感谢。

由于编者的水平所限,书中不妥之处,敬请读者批评指正。

编　者

2007 年 9 月

目　　录

1 绪 论

1.1 测试技术概述

测试技术是一门随现代科学技术发展而迅速崛起的科学技术。现代科学技术的发展离不开测试技术,同时对测试技术又不断提出更高要求,推动着测试技术不断向前发展。另一方面各种学科领域的新进展(新材料、微电子学和计算机技术等)也常常首先在测试方法和测试仪器的改进中得到应用。测试技术总是从其他相关科学中吸取营养而得到发展。

在材料成形的科学实验和工业生产中,为了及时了解实验进展情况和生产过程的控制情况以及为生产过程自动化提供信息,人们要经常对某些物理量,如质量、力、速度、位移、温度、功率、电流、电压等参数进行测量。这时人们就要选择合适的测量仪表,采用一定的测试方法去进行测量。

测试技术就是人们为了对自然现象进行定性了解和定量掌握所从事的一系列技术措施。测试技术包括两个方面的含义:一方面是对物理现象的定性了解,如检查设备外壳是否带电,电机运转时是否发热等;另一方面,是对物理现象的定量掌握,如热加工时测量材料的加工温度是多少,变形力有多大等。

测试技术这门学科所涉及的内容比较广泛,它从被测物理量的实际出发,首先探讨能够用什么物理原理,将被测物理量(其中绝大部分是非电量,例如力能参数:压力、拉力、扭矩等;热工参数:温度、流量、液位等;机械量参数:位移、速度、加速度、形状、尺寸等)转换成便于传输和处理的物理量(如电压、电流、压力);其次研究信号的放大和加工变换方法,以便于信号远距离传输;进而研究信号的接收与显示方法,最后还要研究数据的处理方法以及相应的技术处理的措施。

学习和掌握了测试技术的目的,就能够在科学研究和生产中正确地选择测量原理和方法,正确地选择测试所需的技术工具(如敏感元件、传感器、变换器、传输电缆、显示仪表和数据处理装置),组成恰当的测量系统,完成所提出的测试任务。

1.2 测量方法

测量就是在某一特定条件下,通过实验的方法,将被测的物理量与所规定的标准量进行比较的过程。如测量轧件长度,就是用米尺与轧件比较,得到轧件长度的数值。

测量过程中,会遇到许多被测物理量和它的标准量不能直观看到,也不容易将它们放在一起进行比较的情况,这就需要采用比较复杂的方法进行转换。

1.2.1 测量方法的分类

对于测量方法,从不同的角度出发,有不同的分类方法。按测量的方式分有:直接测量、间接测量、联立测量。按测量的读数分有:偏差式测量、零位式测量、微差式测量。除此以外还有许多其他的分类方法,例如,接触式测量和非接触式测量;静态测量和动态测量;主动式测量和被动式测量等。

1.2.1.1 按测量的方式分

A 直接测量

被测的物理量可直接与标准量进行比较的测量方式称为直接测量。如用米尺测量长度,用测力计测力值,用温度计测温度等。

　　B　间接测量

　　被测的物理量不能够或不易于直接与标准量进行比较,但它与几个有关变量呈函数关系,可对这几个变量直接测量,然后再代入函数式中,求出被测的物理量。如测量导线的电阻率 ρ,必须先对导线的长度 l、直径 d、电阻 R 进行直接测量,然后再通过下式计算

$$\rho = \frac{\pi d^2}{4} \frac{R}{l}$$

这是生产过程和实验研究中用得最多的测量方法。

　　C　联立测量(组合测量)

　　若被测物理量必须经过求解联立方程组,才能得到最后结果,则称这样的测量为联立测量。进行联立测量时,一般需要改变测试条件,才能获得一组联立方程所需要的数据。解联立方程组后,才可求得最后所需要的结果。

　　联立测量的测量过程中,操作过程很复杂,花费时间长,是一种特殊的精密测量方法,只适用科学实验的特殊场合。在测量过程中,应从实际出发经过具体分析后,再选定用哪种测量方法。

　　1.2.1.2　按测量的读数方式分

　　(1)偏差式测量(直读法)。它是以测量仪表指针的偏转或位移量读出被测物理量的数值(如电流表)。

　　(2)零位式测量(零读法)。它是在测量仪表中用已知的标准量与被测量比较。并调节平衡,使仪表指针指零位,并由该已知的标准量读出测量值(如用平衡电桥测量电阻)。

　　(3)微差式测量。微差式测量综合了偏差式测量和零位式测量的优点,而提出的测量方法。这种方法是将被测的未知量与已知量进行比较得出差值,然后用偏差法测得比差值。因此,在测量过程中不需要调整标准量,而只需测量两者的差值。

　　设:N 为标准量,X 为被测量,Δ 为二者之差。则 $X = N + \Delta$,即被测量是标准量与偏差值之和。

　　由于 N 是标准量,其误差很小并且 $\Delta \leqslant N$,因此,可选用灵敏度高的偏差式仪表测量 Δ。即使测量 Δ 的精度较低,但因 $\Delta \leqslant X$,故总的测量精度仍较高。

　　微差式测量法的优点是反应快,测量精度较高,它特别适用于在线控制参数的检测。

1.3　测量仪表和测量系统

　　在工业生产控制和科学实验研究过程中都离不开测试。在测试任务面前,首先考虑应用怎样的测量原理,采用何种测量方法;在解决了测量原理、测量方法之后,还要正确地选择测试所需的技术工具(测量仪表)才能进行测量。

　　广义上的测量仪表包括敏感器、传感器、变换器、运算器、显示器、数据处理器装置等。测量仪表的好坏直接影响测量结果的可信性。了解测量仪表的功能和构成原理,有助于正确选用仪表。

　　测量系统是测量仪表的有机组合,对于比较简单的测量工作只需一台仪表就可以解决问题。但是,对于比较复杂的、要求比较高的测量工作,往往需要使用多台测量仪表,并且按一定规则,将它们组合起来,构成一个有机整体——测量系统。

　　在现代化的生产过程和实验中,过程参数的检测都是自动进行的,即测试任务是由测试系统自动完成的。因此,研究和掌握测量系统的功能和构成原理是十分必要的。

1.3.1 测量仪表的功能与特性

测量过程中测量仪表要完成的主要任务有:物理变换功能、信号的传输和测量结果的显示。

1.3.1.1 变换功能

在生产和科学实验中经常会碰到各种各样的物理量,其中大多数是非电量。例如:热工参数的温度、压力、流量;机械量参数中的转速、力、位移、扭矩;物性参数中的酸碱度,比重、成分含量等。对于这些物理量想通过与其对应的标准量直接进行比较,一步得到测量结果,往往非常困难,有时甚至是不可能实现的。为了解决实际测量中的这种困难,在工程上解决的办法是依据一定的物理定律,将难于直接同标准量"并列"比较的被测物理量经过一次或多次的信号能量转换,变换成便于处理、传输和测量的信号能量形式。在工程上,电信号(电流、电压)是最容易处理、传输和测量的物理量。因此,往往将非电量被测量按一定的物理定律,严格地转换成电量(电压、电流),然后再对变换得到的电量进行测量和处理。例如,在测量加热炉炉膛温度时,经常利用热电偶的热电效应将被测温度转换成直流毫伏(热电势)信号进行传输和显示。

变换功能分为二类:

(1) 单形态能量变换。这种变换的特点是变换时所需要的能量,取自被测介质,不需外界补充能量,但要求变换器中消耗的能量尽量少。

(2) 双形态能量变换。这种变换的特点是变换时所需要的能量,不是从被测对象取得的而是从附加的能源(参比电流源)取得。

研究仪表变换功能机理是很重要的课题,设法将新发现的物理定律引入传感器中,作为物理量变换的依据,往往会产生崭新的传感器和测量方法。

1.3.1.2 传输功能

被测量经变换的信号,要经过一定距离的传输后,才能进行测量,显示出最后结果。即仪表在测量过程中完成的第二功能就是将信号进行一定距离的传输。

随着生产的发展,自动化水平的不断提高,集中控制和现场检测越来越普遍。一般生产现场与中央控制室的距离较远,位于现场的传感器及变送器将被测参数变换与放大后,经过较长距离的传输才能将信号送到控制室。工业上应用比较多的是有线传输,即用电缆或导线传输电压和电流信号。在信号的传输过程中要解决信号的失真和抗干扰问题。

1.3.1.3 显示功能

测量的最终目的之一是将测量的结果用于人眼观察的形式表示出来,这就要求测量仪表能完成显示功能。仪表的显示方式概括为模拟显示和数字显示二类。模拟显示有:指针显示和记录曲线;数字显示有:数码显示和数字式打印记录等。

1.3.1.4 测量仪表的特性

测量仪表的特性,一般分为静特性和动特性两种。当测量仪表进行测量的参数不随时间而变化或随时间变化很慢,可不必考虑仪表输入量与输出量之间的动态关系而只需考虑输入量与输出量之间的静态关系时,联系输入量与输出量之间的关系式是代数方程,不含时间变量,这就是所谓的静特性。

当测量随时间变化很快,必须考虑测量仪表输入量与输出量之间的动态时间关系时,联系输入量与输出量的关系是微分方程,含有时间变量,这就是所谓的动特性。

静特性与动特性彼此并不是孤立的。当静特性显示出非线性和随机性质时,静特性会影响动态条件下的测量结果。这时描写动特性的微分方程变得十分复杂,甚至在工程上无法解决。

例如干摩擦、间隙、磁滞回线等都能使静特性出现非线性和带有随机性。遇到这种情况只能做工程上的近似解。

1.3.2　测量系统的组成与特点

"测量系统"是测试技术发展到一定阶段的产物。随着科技和生产的发展,当生产中面临着只有用多台测量仪表有机组合才能完成检测任务时,测量系统便初步形成了,尤其是自动化生产出现以后,要求生产过程参数的检测能自动进行,这时就产生了自动检测系统。

1.3.2.1　测量系统的组成

一个完善的测量系统应包括信息的获得,转换、显示和处理等几部分。以非电量电测法测力为例,它包括传感器、测量电路、放大电路、指示仪或记录仪,以及数据处理仪器。它们之间的组成关系,如图 1-1 所示。

图 1-1　测量系统的组成

A　传感器的作用

将感受到的非电量转换成电量,以便进一步放大、记录或显示。传感器由两部分组成:一部分是直接承受非电量作用的机械零件或专门设计的弹性元件;另一部分是敏感元件(如应变片等)。

B　测量系统的作用

把传感器的输出变量变成电压或电流信号,以便能在指示仪上指示或记录仪中记录。测量电路的类型常由传感器的类型而定,如电阻式传感器需要采用电桥电路把电阻值变换成电流或电压输出,所以它是信号的转换部分。

C　信息处理系统的作用

对测量系统输出的微弱电信号进行放大,补偿(线性,温度,材质等),数学运算(四则,对数函数,三角函数),模数转换等信息处理工作。信息处理工作靠各种模拟电路来实现。微处理机问世以来多采用微处理机。

D　显示与记录系统的作用

用于模拟量的显示和记录(各种数字显示和屏幕显示),显示出经过信息处理系统处理后的被测机械量的数值,并用曲线记录或用数字打印。此数值有的用被测量的绝对值表示,也有的用被测机械量与给定值的差值即偏差表示。

1.3.2.2　非电量电测法的特点

非电量电测法的特点主要有以下几种:

(1) 灵敏度高。在整个测量范围内,应有足够大的输出信号。用应变片和电阻应变仪目前可测到 5 个微应变(即 5×10^{-6}),甚至可以精确到 1 个微应变。

(2) 精度高。在一般条件下,常温静态应变测量可达到 1% 的测量精度。

(3) 尺寸小、重量轻。基长最短为 0.3 mm,基宽最窄达 1.4 mm,中等尺寸的应变片为 $0.1 \sim 0.2$ g。对于测量的试件来说,可以认为它没有惯性,故把它粘贴在试件表面上之后,不影响试件的工作状态和应力分布。

(4) 频率响应快。由于应变片的重量很轻,在测量运动件时,其本身的机械惯性可以忽略,故可认为对应变的反应是立刻的。可测量的应变频率范围很广,从静态到数十万赫的动态应变乃至冲击应变。

(5) 测量范围广。不仅能测量应变,而且能测量力、位移、速度等。不仅能测量静止的零件,而且也能测量旋转件和运动件。

(6) 能多点、远距离、连续测量和记录。它易于实现自动化、数字化和遥测。

1.3.3 测量系统的主要技术指标

测量系统的主要技术指标有以下几种:

(1) 仪表的量程。量程是指仪表测量范围的指标(上下限范围),例如:100～1250T(指力)或0.1～8 mm(指尺寸)。

(2) 准确度。准确度又称精度,它是表示仪表测量误差的性能指标。准确度的表示方法有相对额定误差、绝对误差和相对误差三种。

$$相对额定误差 = \frac{绝对误差的最大值}{仪表的量程范围} \times 100\%$$

绝对误差是指仪表的量程范围内各点测量误差都不超过某一个值。例如:测径仪的误差小于 ±0.01 mm;测长仪的误差小于 0.1 mm。这种表示方法很容易换算成相对额定误差。

相对误差是指某点的绝对误差和该点的真实值之比。可表示为

$$相对误差 = \frac{绝对误差}{真实值} \times 100\%$$

由于测量值与真实值相差不多,因此计算相对误差时可采用测量值。用相对误差表示的仪表精度,是指在全部测量范围内(或某挡量程范围内)各点相对误差都不超过某个值。例如:测厚仪的误差小于测量值的 ±1%。

仪表的相对误差和相对额定误差数值相同的两台仪表,前者要比后者高很多。例如,相对额定误差为 1% 的仪表,被测值为满量程时相对误差为 1%,而被测值为满量程的 20% 时相对误差明显上升,最大可达 5%。

(3) 灵敏度。灵敏度是指仪表的输出量与输入量之比,比值越大灵敏度越高。输入量是机械量,而输出量一般是指显示器的指示值,也有时指检测器的输出量。灵敏度的定义为

$$S = \frac{\mathrm{d}y}{\mathrm{d}x}$$

式中,S 为灵敏度,y 为输出量,x 为输入量。

如果输出量与输入量是线性关系,则灵敏度为常数,如果两者是非线性关系则灵敏度为变量。

(4) 噪声。噪声是指仪表输出量为零时,仪表的显示器指示值围绕零点抖动的宽度。一般噪声用显示的输入量表示,例如多少毫伏。

(5) 稳定性。定义为仪表的输入量为零时,在某段时间,仪表的指示值偏离零点的误差。稳定性有时也称漂移。

(6) 重复性。仪表的输入量不变,在短时间内仪表多次重复测量,每次测量值之间的误差。

(7) 响应时间。响应时间是动态性能指标,表示仪器测量速度的快慢,是一项十分重要的性能指标。特别是用作自动控制生产过程的机械量过程仪表,一般多要求测量速度快。响应时间的定义不统一,从原则上定义为:从测量开始到仪表显示出被测量值为止的一段时间。

(8) 平均无故障间隔时间。为了表征仪表的全面质量,应当规定平均无故障间隔时间。

1.4　测试技术在轧制中的应用

1.4.1　轧制测试技术的任务

轧制测试技术的任务主要有以下几种：

（1）摸清现有轧制设备的负荷水平，在保证设备安全运转条件下，充分发挥现有设备潜力，以达到高产、优质、低成本之目的。

（2）通过对现有设备和新安装设备主要部件的受力状态、运动规律的测试，从而判断该设备的性能是否符合设计要求。

（3）利用现代的测试手段研究和鉴别生产过程中发生的物理现象，以对现有工艺、设备、产品质量等进行剖析，明确进一步改进的方向。

（4）通过对测试结果的综合分析，可为科研人员验证现有理论和建立新理论，设计人员确定最佳设计方案，工艺人员确定最佳工艺参数等提供科学依据。

（5）在自动化生产过程中，通过对力能参数的检测来调节和控制生产过程。

（6）在轧制过程中进行质量检测，可以及时纠正轧制缺陷的继续产生；轧制成品的检测，可以真实而准确地检查出成品是否合格，杜绝废品出厂。

1.4.2　轧制测试技术经常测试的参数

轧制测试技术经常测试的参数主要有以下几种：

（1）力参数——力、力矩、张力等。

（2）工艺参数——轧件宽度、长度、厚度和温度等。

（3）电参数——电流、电压和电功率等。

（4）运动参数——设备及轧件运行速度、加速度和位置等。

（5）检测产品有无缺陷，并确定其位置、性质以及尺寸大小等。

1.5　本课程的内容和要求

本门课程之目的在于使学生通过测试技术的基础理论学习和实验，初步掌握轧制参数的测试方法和技能，为以后的生产实验和科学研究打下必要的基础。学习本课程应注意下列几方面：

（1）本门课程是一门综合性的应用科学，它除了与专业有密切联系之外，还涉及到数学、物理学、电学、光学和化学等方面的基础知识，要注意复习这些基础知识。

（2）本门课程又是一门实践性很强的应用科学，除了学习基本理论之外，还必须重视实验技能的训练。实验课在本课程中占有极重要的地位，必须予以充分重视。

（3）本课程侧重于测试方法，而把测试仪器当做工具，但正确使用仪器，可以减小测量误差，提高测量精度。

2　常用传感器及其原理

传感器(Sensor)是一种常见却又很重要的器件,它是感受被测量的改变量并按一定规律将其转换为有用信号的器件或装置。对于传感器来说,按照输入的状态,输入量可以分成静态量和动态量。根据在各个值的稳定状态下输出量和输入量的关系得到传感器的静态特性。传感器的静态特性的主要指标包括线性度、迟滞、重复性、灵敏度和准确度等。传感器的动态特性则指对于输入量随着时间变化的响应特性。动态特性通常采用传递函数等自动控制的模型来描述。通常,传感器接收到的信号都有微弱的低频信号,外界的干扰有的时候的幅度能够超过被测量的信号,因此消除串入的噪声就成为了一项关键的传感器技术。以电子技术、计算机技术为基础的各种电量和非电量的测量是现代测试最重要的测试方法,它的发展水平是衡量一个国家科技水平的重要标志之一。而在测试系统中,首先要考虑的问题是如何获取被测信号即传感器。它在测试系统中占重要的位置,它能否获取信息及获得的信息正确与否,关系到整个测试或控制系统的成败与精度。本章主要讨论常用传感器的结构、原理及应用。

2.1　概述

2.1.1　传感器的定义

在国家标准 GB7665—1987《传感器通用术语》中,对传感器(Transducer/Sensor)下的定义是"能感受规定的被测量并按照一定的规律转换成可用信号输出的器件或装置,通常由敏感元件和转换元件组成"。从传感器的定义可知:

(1) 传感器是测量装置,能完成检测任务;

(2) 它的输入量是某一被测量,可能是物理量(如长、热、力、电、时间、频率等),也可能是化学量、生物量等;

(3) 它的输出量是某种物理量,这种量要便于传输、转换、处理、显示等,可以是气、光、电量,但主要是电量;

(4) 输出与输入有一定的对应关系,且应有一定的精确度。

可见,传感器是获取被测信息的手段,是实现自动检测和自动控制的首要环节。

最广义地来说,传感器是一种能把物理量或化学量转变成便于利用的电信号的器件。国际电工委员会(IEC:International Electrotechnical Committee)的定义为:"传感器是测量系统中的一种前置部件,它将输入变量转换成可供测量的信号"。按照 Gopel 等的说法是:"传感器是包括承载体和电路连接的敏感元件",而"传感器系统则是组合有某种信息处理(模拟或数字)能力的传感器"。传感器是传感器系统的一个组成部分,它是被测量信号输入的第一道关口。

传感器是以一定的精度和规律把被测量转换为与之有确定关系的、便于应用的某种物理量的测量装置。

传感器一般由敏感元件、转换元件、转换电路和其他辅助元件组成。图 2-1 为传感器的组成框图。

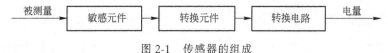

图 2-1　传感器的组成

　　敏感元件直接感受被测量并按照一定的规律转换成为与被测量有确定关系的容易测得的量。

　　转换元件将敏感元件的输出转换成可用电量信号的元件又称变换器。

　　转换电路就是把转换元件输出的电量信号转换为便于处理、显示、记录或控制的有用的电信号的电路。转换电路的类型与被测量、测量原理以及转换元件有关,常用的电路有电桥、放大器、振荡器、阻抗变换器等。

　　实际上,有些传感器很简单,最简单的传感器由一个敏感元件(兼转换元件)组成,它感受被测量时直接输出电量,如热电偶是直接感知温度变化的敏感元件,但它又直接将温度转换为电量,因而又同时是转换元件。许多光电传感器都是敏感元件和转换元件合为一体的传感器。所以说敏感元件和转换元件之间并无严格的界限。

　　有些传感器很复杂,大多数传感器是开环系统,也有些是带反馈的闭环系统。有些传感器由敏感元件和转换元件组成,没有转换电路,如压电式加速度传感器,其中质量块是敏感元件,压电片(块)是转换元件。有些传感器转换元件不只一个,要经过若干次转换。

2.1.2　传感器的分类

　　根据传感器应用的对象、测量范围、周围的环境等不同,需要使用的传感器大不相同,因而有各种各样的传感器。有很多传感器的分类方法,目前常用的分类方法有如下几种。

2.1.2.1　按被测量分类

　　(1)热工量传感器。温度、热量、质量热容、热流、热分布;压力压差、真空度;流量、流速、风速、物位等传感器。

　　(2)机械量传感器。位移、尺寸(长度、宽度、厚度、角度)、形状;力、力矩、应力、重量、质量;转速、线速度、振动、加速度、噪声等传感器。

　　(3)状态传感器。颜色、透明度、磨损量、裂纹、缺陷、泄漏、表面质量等传感器。

　　(4)物性传感器和成分量传感器。成分量(化学成分、浓度等);酸碱度、盐度、浓度、黏度;密度等传感器。

2.1.2.2　按传感器的原理分类

　　(1)物理型传感器。利用某些变换元件的物理性质以及某些功能材料的特殊物理性能制成的传感器。如电阻传感器、电感传感器、压电传感器、光电传感器、射线式传感器等。

　　(2)化学传感器。利用电化学反应原理的传感器,如气敏传感器、湿度传感器和离子传感器等。

　　(3)生物传感器。一种利用生物活性物质选择性的识别和测定生物化学物质的传感器,如酶传感器、免疫传感器等。

2.1.2.3　按传感器输出信号的性质分类

　　(1)开关型传感器。输出为开关量("1"和"0"或"开"和"关")。

　　(2)模拟型传感器。输出为模拟量。

　　(3)数字型传感器。输出为脉冲或代码。

　　有时也把传感器分为机械式传感器等,常见机械式传感器如测力计、压力计、温度计等。

2.1.3　传感器的命名法

　　国家标准《传感器命名法及代码》(GB/T 7666—2005),对各种各样的传感器规定了统一的命名方法、代号标记方法和代号。该标准适用于传感器的生产、科学研究、教学以及其他有关领域。

2.1.3.1 传感器的命名

根据国家标准,任意一种传感器的名称,命名由主题词+四级修饰语构成:

(1) 主题词。传感器。

(2) 第一级修饰语。被测量,包括修饰被测量的语言。

(3) 第二级修饰语。转换原理,一般可后续以"式"字。

(4) 第三级修饰语。特征描述,指必须强调的传感器结构、性能、材料特征、敏感元件及其他必要的性能特征,一般可后续以"型"字。

(5) 第四级修饰语。主要技术指标(量程、精确度、灵敏度等)。

在有关传感器的统计表格、图书索引、检索以及计算机汉字处理等特殊场合,应采用上述的正序排列,如传感器、位移、应变[计]式、100 mm。

但在技术文件、产品样本、学术论文、教材及书刊的陈述句子中,作为产品名称应采用与上述相反的顺序,如 10 mm 应变式位移传感器。

2.1.3.2 传感器的代号

传感器代号:主称(传感器)被测量-转换原理-序号。

(1) 主称——传感器 代号 C。

(2) 被测量——用一个或两个汉语拼音的第一个大写字母标记。

(3) 转换原理——用一个或两个汉语拼音的第一个大写字母标记。

(4) 序号——用一个阿拉伯数字标记,厂家自定,用来表征产品设计特性、性能参数、产品系列等。若产品性能参数不变,仅在局部有改动或变动时,其序号可在原序号后面顺序地加注大写字母 A、B、C 等(其中 I、Q 不用)。

如应变式位移传感器:C WY - YB - 20;光纤压力传感器:C Y - GQ - 2。

2.1.4 对传感器性能的要求

传感器是获取被测量信息的元件,其质量和性能的好坏直接影响到测量结果的可靠性和准确度,衡量其质量的特性有许多,主要包括静态和动态两个方面。当被测量不随时间变化或变化很慢时,可以认为输入量和输出量都和时间无关。表示它们之间关系的是一个不含时间变量的代数方程,在这种关系的基础上确定的性能参数为静态特性;当被测量随时间变化很快时,就必须考虑输入量和输出量之间的动态关系。这时,表示它们之间关系的是一个含有时间变量的微分方程,与被测量相对应的输出响应特性称为动态特性。

无论何种传感器,尽管它们的原理、结构不同,使用环境、条件、目的不同,其技术指标也不尽相同,但有基本要求却是相同的。对传感器性能的要求如下:

(1) 灵敏度高,输入和输出之间应具有较好的线性关系。

(2) 噪声小,并且具有抗外部噪声的性能。

(3) 滞后、漂移误差小。

(4) 动态特性良好。

(5) 在接入测量系统时,对被测量不产生影响。

(6) 功耗小,复现性好,有互换性。

(7) 防水及抗腐蚀等性能好,能长期使用。

(8) 结构简单,容易维修和校正。

(9) 低成本、通用性强。

所以在选择使用传感器时应注意传感器的灵敏度、线性、动态响应特性、精度、稳定性和测量方式等其他因素。

2.1.5　传感器的发展趋势

近年来,微电子、微机械、新材料、新工艺的发展与计算机、通讯技术的结合创造出新一代的传感器。尽管它们的敏感机理不同,但其总的共同特点是向微型化、数值化、集成化、智能化等方向发展。主要表现在如下几个方面:

(1) 采用新原理、开发新型传感器。

(2) 大力开发物性型传感器(因为靠结构型有些满足不了要求)。

(3) 传感器的集成化。

(4) 传感器的多功能化。

(5) 传感器的智能化(Smart Sensor)。

(6) 研究生物感官,开发仿生传感器。

2.2　电阻式传感器

电阻式传感器就是利用一定的方式,将被测量的变化转化为敏感元件电阻值的变化,进而通过电路变成电压或电流信号输出的一类传感器。可用于各种机械量和热工量的检测,它的结构简单,性能稳定,成本低廉,因此,在许多行业得到了广泛应用。

目前,常用的电阻传感器主要有电阻应变片、热电阻、光敏电阻、气敏电阻和湿敏电阻等几大类。

2.2.1　电阻应变片

电阻应变片是利用电阻应变效应原理制成的,应用最为广泛的电阻式传感器,主要用于机械量的检测中,如力、压力等物理量的检测。

2.2.1.1　电阻应变效应

导体或半导体材料在外力作用下产生机械变形时,它的电阻值也相应地发生变化,这一物理现象称为电阻应变效应。

电阻的应变灵敏系数:

设有一段长为 l,横截面积为 A,电阻率为 ρ 的导体,根据电阻的定义,它具有的电阻为:

$$R = \rho \frac{l}{A} \tag{2-1}$$

式中　ρ——电阻率;

　　　l——电阻丝长度;

　　　A——电阻丝横截面积。

当它受到轴向力 F 而被拉伸(或压缩)时,其 l、A 和 ρ 均发生变化,当有变化量 $\Delta\rho$、Δl、ΔA 时,导体的电阻随之发生变化。通过对式(2-1)两边取对数后再作微分,即可求得其相对变化率为:

$$\frac{\Delta R}{R} = \frac{\Delta \rho}{\rho} + \frac{\Delta l}{l} - \frac{\Delta A}{A} \tag{2-2}$$

引进力学中的泊松比 μ,由材料力学得知:

$$\frac{\Delta A}{A} \approx -2\mu\frac{\Delta l}{l} = -2\mu\varepsilon$$

式中,ε 为应变值。

故最后得:

$$\frac{\Delta R}{R} = \frac{\Delta l}{l}(1+2\mu) + \frac{\Delta\rho}{\rho} = \left(1+2\mu+\frac{\Delta\rho/\rho}{\Delta l/l}\right)\frac{\Delta l}{l} = K_0\varepsilon \qquad (2\text{-}3)$$

式中　K_0——应变灵敏系数;

（$1+2\mu$)——由几何尺寸改变引起的,金属导体以此为主;

$\dfrac{\Delta\rho/\rho}{\Delta l/l}$——由材料的电阻率随应变所引起的变化,半导体材料以此为主。

由于其输出电阻值随被测量大小而变化,故可用测量电阻值的方法得到被测量的大小。

2.2.1.2　应变片的结构与材料

常见的金属电阻应变片有丝式、膜式两种,其典型结构如图 2-2 所示。它由敏感栅、引线、基底和覆盖层组成。

A　敏感栅

敏感栅是应变片的转换元件,粘贴在绝缘的基底上,其上再粘贴起保护作用的覆盖层,两端焊接引出导线。

B　基底和覆盖层

基底用于保持敏感栅、引线的几何形状和相对位置,覆盖层既保持敏感栅和引线的形状和相对位置,还可保护敏感栅。基底厚度一般为 0.02~0.04 mm,常用的基底材料有纸基、布基和玻璃纤维布基等。

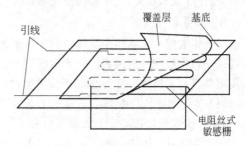

图 2-2　金属丝应变片结构

C　黏接剂

用于将敏感栅固定于基底上,并将覆盖层与基底粘贴在一起。使用应变片时,也需要黏接剂将应变片基底粘贴在试件表面的某个方向和位置上,以便将试件受力后的表面应变传递给应变计的基底和敏感栅。常用的黏接剂分为有机和无机两大类,有机粘接剂用于低温、常温和中温。常用的有聚丙烯酸酯、酚醛树脂、有机硅树脂、聚酰亚胺等。无机黏接剂用于高温,常用的有磷酸盐、硅酸盐、硼酸盐等。

D　引线

它是从应变片的敏感栅引出的细金属线。常用直径约 0.1~0.15 mm 的镀锡铜线或扁带形的其他金属材料制成。对引线材料的性能要求为:电阻率低,电阻温度系数小,抗氧化性能好,易于焊接。大多数敏感栅材料都可制作引线。

2.2.1.3　电阻应变片的类型及常用材料

根据应变片的质地,主要有金属电阻应变片和半导体应变片两大类。

A　金属电阻应变片

此类应变片的结构形式有丝式、箔式和薄膜式三种。

a　丝式应变片

如图 2-3(a)所示,它是将金属丝按图示形状弯曲后用粘合剂贴在衬底上而成,基底可分为纸基、胶基和纸浸胶基等。电阻丝两端焊有引出线,使用时只要将应变片贴于弹性体上就可构成应变式传感器。它结构简单,价格低,强度高,但允许通过的电流较小,测量精度较低,适用于测量要求不很高的场合使用。

b 箔式应变片

该类应变片的敏感栅是通过光刻、腐蚀等工艺制成。箔栅厚度一般在 0.003～0.01 mm 之间,它的结构如图 2-3(b)所示。箔式应变片与丝式应变片比较其面积大,散热性好,允许通过较大的电流。由于它的厚度薄,因此具有较好的可绕性,灵敏度系数较高。箔式应变片还可以根据需要制成任意形状,适合批量生产。

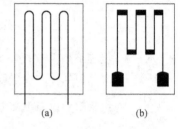

图 2-3 金属电阻应变片结构

(a) 丝式;(b) 箔式

c 薄膜式应变片

薄膜式应变片是采用真空蒸镀或溅射式阴极扩散等方法,在薄的基底材料上制成一层金属电阻材料薄膜以形成应变片。这种应变片有较高的灵敏度系数,允许电流密度大,工作温度范围较广。

B 半导体应变片

半导体应变片是利用半导体材料的压阻效应而制成的一种纯电阻性元件。对一块半导体材料的某一轴向施加一定的载荷而产生应力时,它的电阻率会发生变化,这种物理现象称为半导体的压阻效应。半导体应变片有以下几种类型:

(1)体型半导体应变片。这是一种将半导体材料硅或锗晶体按一定方向切割成的片状小条,经腐蚀压焊粘贴在基片上而成的应变片。

(2)薄膜型半导体应变片。这种应变片是利用真空沉积技术将半导体材料沉积在带有绝缘层的试件上而制成,其结构示意图如图 2-4 所示。

(3)扩散型半导体应变片。这种应变片是将 P 型杂质扩散到 N 型硅单晶基底上,形成一层极薄的 P 型导电层,再通过超声波和热压焊法接上引出线就形成了扩散型半导体应变片。图 2-5 为扩散型半导体应变片示意图。这是一种应用很广的半导体应变片。

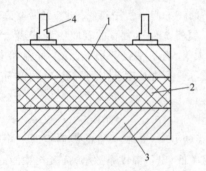

图 2-4 薄膜型半导体应变片

1—锗膜;2—绝缘层;
3—金属箔基底;4—引线

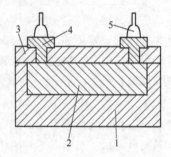

图 2-5 扩散型半导体应变片

1—N 型硅;2—P 型硅扩散层;
3—二氧化硅绝缘层;4—铝电极;5—引线

2.2.1.4 应变片的常用材料及粘贴技术

A 常用材料

4YC3 是 Fe-Cr-Al 系 550℃高应变电阻合金,其电阻率高,电阻温度系数低,热稳定性好,主要用于工作温度不高于 550℃的电阻应变计。

4YC4 是 Fe-Cr-Al 系 750℃ 高温应变电阻合金,其电阻率高、电阻温度系数低,尤其是在 600℃ 以上有较好的热输入和重现性低的零飘。合金主要用作工作温度不高于 750℃ 的电阻应变计,用于大型汽轮机、航空、原子反应堆等领域中静态和准静态测量。

4YC8 是铜镍锰钴合金精密箔材,专用于高精度箔式电阻应变计,其温度自补偿性能及其它技术指标符合《电阻应变计》标准规定的 A 级产品质量要求。箔材平均热输出系数 $C_t < 1\mu\varepsilon/℃$,用它制成箔式应变计可以在钛合金、普通钢、不锈钢、铝合金、镁合金等多种材料制成的试件上达到良好的温度自补偿效果,优于国外同类合金箔材,技术性能达到国外先进水平。

4YC9 是 Ni-Mo 系 500℃ 自补偿应变电阻合金,它的 ρ 值高,电阻温度系数小,热输出、热稳定性好,适用于制作在不高于 500℃ 工作的自补偿电阻应变计。

B 应变片的粘贴工艺步骤

a 应变片的检查与选择

首先要对采用的应变片进行外观检查,观察应变片的敏感栅是否整齐、均匀,是否有锈斑以及短路和折弯等现象。其次要对选用的应变片的阻值进行测量,阻值选取合适将对传感器的平衡调整带来方便。

b 试件的表面处理

为了获得良好的黏合强度,必须对试件表面进行处理,清除试件表面杂质、油污及疏松层等。一般的处理办法可采用砂纸打磨,较好的处理方法是采用无油喷砂法,这样不但能得到比抛光更大的表面积,而且可以获得质量均匀的结果。为了表面的清洁,可用化学清洗剂如氯化碳、丙酮、甲苯等进行反复清洗,也可采用超声波清洗。值得注意的是,为避免氧化,应变片的粘贴尽快进行。如果不立刻贴片,可涂上一层凡士林暂作保护。

c 底层处理

为了保证应变片能牢固地贴在试件上,并具有足够的绝缘电阻,改善胶接性能,可在粘贴位置涂上一层底胶。

d 贴片

将应变片底面用清洁剂清洗干净,然后在试件表面和应变片底面各涂上一层薄而均匀的黏合剂。待稍干后,将应变片对准划线位置迅速贴上,然后盖一层玻璃纸,用手指或胶辊加压,挤出气泡及多余的胶水,保证胶层尽可能薄而均匀。

e 固化

黏合剂的固化是否完全,直接影响到胶的物理机械性能。关键是要掌握好温度、时间和循环周期。无论是自然干燥还是加热固化都要严格按照工艺规范进行。为了防止强度降低、绝缘破坏以及电化腐蚀,在固化后的应变片上应涂上防潮保护层,防潮层一般可采用稀释的黏合剂。

f 粘贴质量检查

首先是从外观上检查粘贴位置是否正确,黏合层是否有气泡、漏粘、破损等。然后是测量应变片敏感栅是否有断路或短路现象以及测量敏感栅的绝缘电阻。

g 引线焊接与组桥连线

检查合格后既可焊接引出导线,引线应适当加以固定。应变片之间通过粗细合适的漆包线连接组成桥路。连接长度应尽量一致,且不宜过长。

2.2.1.5 电阻应变计的型号及选用

A 型号的编排规则

电阻应变计型号的编排规则如下:类别、基底材料种类、标准电阻——敏感栅长度、敏感栅结构形式、极限工作温度、自补偿代号（温度和蠕变补偿）及接线方式。如 BF 350 - 3 AA 80 (23) N6 - X 的含义是：

（1）B 表示应变计类别（B:箔式；T:特殊用途；Z:专用（特指卡玛箔））。

（2）F 表示基底材料种类（B:玻璃纤维增强合成树脂；F:改性酚醛；A:聚酰亚胺；E:酚醛 - 缩醛；Q:纸浸胶；J:聚氨酯）。

（3）350 表示应变计标准电阻。

（4）3 表示敏感栅长度/mm。

（5）AA 表示敏感栅结构形式。

（6）80 表示极限工作温度/℃。

（7）23 表示温度自补偿或弹性模量自补偿代号（9:用于钛合金；M23:用于铝合金；11:用于合金钢、马氏体不锈钢和沉淀硬化型不锈钢；16:用于奥氏体不锈钢和铜基材料；23:用于铝合金；27:用于镁合金）。

（8）N6 表示蠕变自补偿标号（蠕变标号：T8、T6、T4、T2、T0、T1、T3、T5、N2、N4、N6、N8、N0、N1、N3、N5、N7、N9）。

（9）X 表示接线方式（X:标准引线焊接方式；D:点焊点；C:焊端敞开式；U:完全敞开式，焊引线；F:完全敞开式，不焊引线；X＊＊:特殊要求焊圆引线，＊＊ 表示引线长度；BX＊＊:特殊要求焊扁引线，＊＊ 表示引线长度；Q＊＊:焊接漆包线，＊＊ 表示引线长度；G＊＊:焊接高温引线，＊＊ 表示引线长度）。

B　应变计的自动补偿及其选用

a　温度补偿及选用

应变计安装在具有某一线膨胀系数的试件上，试件可以自由膨胀并不受外力作用，在缓慢升（或降）温的均匀温度场内，由温度变化引起的指示应变称为热输出。热输出是由应变计敏感栅材料的电阻温度系数和敏感栅材料与被测试件材料之间线膨胀系数的差异共同作用、叠加的结果，可由以下公式表示：

$$\xi_t = [(\alpha_t / k) + \beta_e - \beta_g] \Delta t \tag{2-4}$$

式中，α_t、β_g 分别为应变计敏感栅材料的电阻温度系数（1/℃）和线膨胀系数（1/℃），k 为应变计的灵敏系数，β_e 为试件的线膨胀系数（1/℃），Δt 为偏离参考温度的温度变化量（℃）。热输出是静态应变测量中最大的误差源，而且应变计的热输出分散随着热输出值的增大而增大。当测试环境存在温度梯度或瞬变时，这种差异就更大。因此，理想的情况是应变计的热输出值趋于零，满足这一要求的应变计称为温度自补偿应变计。

通过调整合金成配比，改变冷轧成形压缩率以及适当的热处理，可以使敏感栅材料的内部晶体结构重新组合，改变其电阻温度系数，从而使应变计的热输出超过零，实现对弹性元件的温度自补偿。一般应从以下四个方面进行选择：

（1）目前应变计常用的温度自补偿系数有：9、11、16、23、27。其中"9"用于钛合金；"11"用于合金铜、马氏不锈钢和沉淀硬化型不锈钢；"16"用于奥氏体不锈钢和铜基材料；"23"用于铝合金；"27"用于镁合金。

（2）当温度自补偿应变计与测试件材料匹配时，在补偿温度范围内，热输出误差较小。

（3）当温度自补偿应变计所要求使用材料的线膨胀系数与测试件材料有微小差异时，应选用两片或四片应变计组成半桥或全桥，以消除热输出带来的影响。

（4）采用 1/4 桥路进行应力测量时，除安装在试件表面的工作应变计外，还应在与测试材料相同的补偿块上安装相同批次的应变计作为补偿片，并与工作片处于相同的环境条件下，这两片应变计分别接在惠斯通电桥的相邻桥臂,以消除热输出的影响。

　　b　蠕变自补偿及选用

　　传感器弹性元件因其材料的滞弹性效应而存在固有微蠕变特性,表现为传感器的输出随时间增加而增加(正蠕变)。电阻应变计的基底和贴片用黏结剂具有一定的粘弹性,使应变计的输出随时间的增加而减少;而敏感栅材料存在滞弹性效应使应变计输出随时间的增加而增加,叠加后的结果是应变计在承受固定载荷时呈现或正或负的蠕变特性,其方向和数值可以通过改变敏感栅结构设计、调整基底材料配比及关键工艺参数加以调节。在弹性体确定后选择蠕变与弹性体固有蠕变数值相等但方向相反的应变计,就能对弹性体本身的不完善性进行补偿。同理,对传感器制造过程中其他因素引入的蠕变误差也可以用此方法进行调整,并把传感器的综合蠕变数值控制在最小范围内,这就是应变计蠕变补偿的基本原理。我厂批量提供数十种形成蠕变梯度的应变计系列(相邻标号之间蠕变相差 $0.01\% \sim 0.015\% F \cdot S/30 \ min$)供传感器制造厂家选用。

　　一般应从以下四个方面进行选择:

　　(1) 首次使用时,可选用一种或两种蠕变相差较大(不同蠕变标号)的应变计粘贴在弹性体上,根据实测的综合蠕变大小和方向最终确定与传感器相匹配的蠕变标号。

　　(2) 对弹性体材料、结构相同的传感器来说,量程越小,蠕变越正,应选择蠕变越负的应变计。

　　(3) 不同弹性体材料具有不同的蠕变特性,应选用不同蠕变标号的应变计。

　　(4) 传感器的系统蠕变除与弹性体、应变计、黏结剂等主要因素有关外。还受密封结构形式、防护胶、生产工艺参数等影响。但这种误差的量值和方向是可预知的,选择蠕变标号时应一同考虑。

　　c　弹性模量自补偿及选用

　　材料的弹性模量一般随着环境温度的升高而下降。根据虎克定律 $\varepsilon = \delta/E$,在载荷不变的情况下,随着温度的升高构件的变形量将增大,因而应变计所测量的应变 ε 也随之增加,这时,如果应变计的灵敏系数 K 能随温度升高而适当降低,根据 $R/R = K\varepsilon$,将会是应变计的输出不随温度改变,从而实现弹性模量补偿,这类应变计就称为弹性模量自补偿应变计。

　　弹性模量自补偿应变计能起到普通应变计和弹性模量补偿电阻器的共同作用,将自动消除传感器因弹性模量随温度变化所造成的测量误差。如果弹性模量自补偿应变计与弹性体材料良好匹配,则传感器温度灵敏度漂移可优于 $0.001\% F \cdot S$。他于目前常用的串联弹性模量补偿电阻器降低拱桥电压的方法相比,具有补偿精度高、稳定性好、灵敏度高、传感器制造工艺简单、成本低等优点。但单纯弹性模量自补偿应变计存在以下问题:应变计热输出值较大,致使传感器输出电阻温度系数超差,零点温度漂移较大。我厂经过多年研究,研制并开发生产出温度自补偿与弹性模量自补偿兼顾型应变计,尤其是半桥和全桥应变计因温度性能比较好而受用户欢迎,被广泛采用。

　　一般应从以下三个方面进行选择:

　　(1) 弹性模量自补偿应变计必须与弹性体材料相匹配,才能取得比较满意的补偿效果。选用时,一般应根据至少 5 套传感器的实测数据选择所匹配的应变计。

　　(2) 这种应变计对大多数结构材料不具有温度自补偿能力,热输出系数比一般温度自补偿应变计略大,热输出分散指标较小,因此推荐用于内部温度梯度较小的传感器。

　　(3) 其焊接性比普通应变计稍差,焊接时要细心,并彻底清洗。

　　2.2.1.6　应变电阻传感器的应用

　　电阻应变片除可测量试件应力之外,还可制造成各种应变式传感器用于测量力、荷重、扭矩、加速度、位移、压力等多种物理量。

传感器由弹性元件、应变片和外壳所组成。弹性元件是传感器的基础,把被测量转换成应变量的变化;弹性元件上的应变片是传感器的核心,它把应变量变换成电阻量的变化。

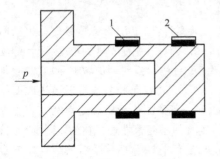

图 2-6　筒式压力传感器
1—工作片;2—补偿片

传感器弹性元件的结构形式多种多样,根据被测量大小不同,常见的有柱式、悬臂梁式环式等等。

应变式压力传感器的测量范围在 $104 \sim 107$ Pa 之间。常见的结构形式有筒式、膜片式和组合式等。

筒式压力传感器如图 2-6 所示,通常用于测量较大的压力。它的一端为盲孔,另一端为法兰与被测系统连接。应变片贴于筒的外表面,工作片贴于空心部分,补偿片贴在实心部分。

2.2.2　热电阻及热敏电阻

2.2.2.1　热电阻

热电阻是中低温区最常用的一种温度检测器。它的主要特点是测量精度高,性能稳定。其中铂热电阻的测量精确度是最高的,它不仅广泛应用于工业测温,而且被制成标准的基准仪。

A　热电阻测温原理及材料

热电阻测温是基于金属导体的电阻值随温度的增加而增加这一特性来进行温度测量的。热电阻大都由纯金属材料制成,目前应用最多的是铂和铜,此外,现在已开始采用镍、锰和铑等材料制造热电阻。

B　热电阻的类型

a　普通型热电阻

从热电阻的测温原理可知,被测温度的变化是直接通过热电阻阻值的变化来测量的,因此,热电阻体的引出线等各种导线电阻的变化会给温度测量带来影响。

b　铠装热电阻

铠装热电阻是由感温元件(电阻体)、引线、绝缘材料、不锈钢套管组合而成的坚实体,它的外径一般为 $\phi 2 \sim 8$ mm。与普通型热电阻相比,它有下列优点:

(1) 体积小,内部无空气隙,热惯性上,测量滞后小。

(2) 力学性能好、耐振,抗冲击。

(3) 能弯曲,便于安装。

(4) 使用寿命长。

c　端面热电阻

端面热电阻感温元件由特殊处理的电阻丝材绕制,紧贴在温度计端面。它与一般轴向热电阻相比,能更正确和快速地反映被测端面的实际温度,适用于测量轴瓦和其他机件的端面温度。

d　隔爆型热电阻

隔爆型热电阻通过特殊结构的接线盒,把其外壳内部爆炸性混合气体因受到火花或电弧等影响而发生的爆炸局限在接线盒内,生产现场不会引起爆炸。隔爆型热电阻可用于 Bla—B3c 级区内具有爆炸危险场所的温度测量。

C　铂电阻

铂易于提纯,物理化学性质稳定,电阻率较大,能耐较高的温度;因此用铂电阻作为复现温标

的基准器。铂电阻的电阻值与温度之间的关系可用下式表示

$$
\left.
\begin{array}{ll}
0 \sim 650℃ & R_t = R_0(1 + At + Bt^2) \\
-200 \sim 0℃ & R_t = R_0[1 + At + Bt^2 + C(t - 100)t^3]
\end{array}
\right\}
\tag{2-5}
$$

式中，R_t 为温度为 t 时的电阻值；R_0 为温度为 0℃ 时的电阻值；A、B、C 均为常数，$A = 3.96847$；$B = 5.847$；$C = 4.22$。

D 铜电阻

铂是贵重金属，因此在一些测量精度要求不高，测温范围较小（$-50 \sim 150℃$）的情况下，普遍采用铜电阻。铜电阻具有较大的电阻温度系数，材料容易提纯，铜电阻的阻值与温度之间接近线性关系，铜的价格比较便宜，所以铜电阻在工业上得到广泛应用。铜电阻的缺点是电阻率较小，稳定性也较差，容易氧化。铜电阻的电阻值与温度间的关系为

$$
R_t = R_0(1 + at) \tag{2-6}
$$

式中　R_t——温度 t 时的电阻值；

　　　R_0——温度为 0℃ 时的电阻值；

　　　a——温度为 0℃ 时的电阻温度系数。

铂电阻用 $0.03 \sim 0.07$ mm 的铂丝绕在云母片制成的片形支架上，绕组的两面用云母片夹住绝缘。铜电阻由直径 0.1 mm 的绝缘铜丝绕在圆形骨架上。为了使热电阻能得到较长的使用寿命，热电阻加有保护套管。

E 热电阻的应用

a 热电阻温度计

通常工业上用于测温是采用铂电阻和铜电阻作为敏感元件，测量电路用得较多的是电桥电路。为了克服环境温度的影响常采用图 2-7 所示的三导线四分之一电桥电路。由于采用这种电路，热电阻的两根引线的电阻值被分配在两个相邻的桥臂中，由于环境温度变化引起的引线电阻值变化造成的误差被相互抵消。

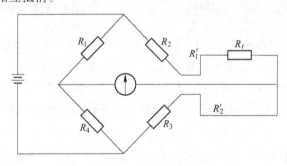

图 2-7　热电阻的测量电路

b 热电阻式流量计

图 2-8 是一个热电阻流量计的电原理图。两个铂电阻探头 R_{t1}、R_{t2}，R_{t1} 放在管道中央，它的散热情况受介质流速的影响。R_{t2} 放在温度与流体相同，但不受介质流速影响的小室中。当介质处于静止状态时，电桥处于平衡状态，流量计没有指示。当介质流动时，由于介质流动带走热量，温度的变化引起阻值变化，电桥失去平衡而有输出，电流计的指示直接反映了流量的大小。

2.2.2.2 热敏电阻

A 半导体热敏电阻的工作原理

热敏电阻是一种利用半导体制成的敏感元件，其特点是电阻率随温度而显著变化。热敏电

阻因其电阻温度系数大,灵敏度高;热惯性小,反应速度快;体积小,结构简单;使用方便,寿命长,易于实现远距离测量等特点而得到广泛的应用。

热敏电阻的阻值与温度之间的关系可以用下式表示

$$R_T = R_0 e^{B\left(\frac{1}{T} - \frac{1}{T_0}\right)} \qquad\qquad (2\text{-}7)$$

式中 R_T——温度为 T 时的电阻值;

      R_0——温度为 T_0 时的电阻值;

      B——常数,由材料、工艺及结构决定。

热敏电阻的热电特性曲线如图 2-9 所示。根据电阻值的温度特性,热敏电阻有正温度系数、负温度系数和临界热敏电阻几种类型。热敏电阻的结构可以分为柱状、片状、珠状和薄膜状等形式。

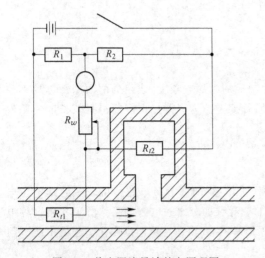

图 2-8 热电阻流量计的电原理图

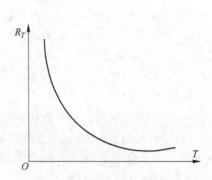

图 2-9 热敏电阻的热电特性曲线

热敏电阻的缺点是互换性较差,同一型号的产品特性参数有较大差别。再就是其热电特性是非线性的,这给使用带来一定不便。尽管如此,热敏电阻灵敏度高、便于远距离控制、成本低适合批量生产等突出的优点使得它的应用范围越来越广泛。随着科学技术的发展;生产工艺的成熟,热敏电阻的缺点都将逐渐得到改进,在温度传感器中热敏电阻已取得了显著的优势。

B 常用材料

按温度特性热敏电阻可分为两类,随温度上升电阻增加的为正温度系数热敏电阻,反之为负温度系数热敏电阻。

a 正温度系数热敏电阻的常用材料

此种热敏电阻以钛酸钡($BaTiO_3$)为基本材料,再掺入适量的稀土元素,利用陶瓷工艺高温烧结而成。纯钛酸钡是一种绝缘材料,但掺入适量的稀土元素如镧(La)和铌(Nb)等以后,变成了半导体材料,被称半导体化钛酸钡。它是一种多晶体材料,晶粒之间存在着晶粒界面,对于导电电子而言,晶粒间界面相当于一个位垒。当温度低时,由于半导体化钛酸钡内电场的作用,导电电子可以很容易越过位垒,所以电阻值较小;当温度升高到居里点温度(即临界温度,一般钛酸钡的居里点为 120℃)时,内电场受到破坏,不能帮助导电电子越过位垒,所以表现为电阻值的急剧增加。因为这种元件具有未达居里点前电阻随温度变化非常缓慢,具有恒温、调温和自动控温的功能,只发热,不发红,无明火,不易燃烧,电压交、直流3～440 V均可,使用寿命长,非常适用于电动机等电器装置的过热探测。

b 负温度系数热敏电阻的常用材料

负温度系数热敏电阻是以氧化锰、氧化钴、氧化镍、氧化铜和氧化铝等金属氧化物为主要原料,采用陶瓷工艺制造而成。这些金属氧化物材料都具有半导体性质,完全类似于锗、硅晶体材料,体内的载流子(电子和空穴)数目少,电阻较高;温度升高,体内载流子数目增加,自然电阻值降低。负温度系数热敏电阻类型很多,使用区分低温(−60～300℃)、中温(300～600℃)、高温(>600℃)三种,有灵敏度高、稳定性好、响应快、寿命长、价格低等优点,广泛 应用于需要定点测温的温度自动控制电路,如冰箱、空调、温室等的温控系统。

C 热敏电阻的型号表示

我国产热敏电阻是按部颁标准SJ1155—82来制定型号,由四部分组成。

第一部分:主称,用字母'M'表示敏感元件。

第二部分:类别,用字母'Z'表示正温度系数热敏电阻器,或者用字母'F'表示负温度系数热敏电阻器。

第三部分:用途或特征,用一位数字(0～9)表示。一般数字'1'表示普通用途,'2'表示稳压用途(负温度系数热敏电阻器),'3'表示微波测量用途(负温度系数热敏电阻器),'4'表示旁热式(负温度系数热敏电阻器),'5'表示测温用途,'6'表示控温用途,'7'表示消磁用途(正温度系数热敏电 阻器),'8'表示线性型(负温度系数热敏电阻器),'9'表示恒温型(正温度系数热敏电阻器),'0'表示特殊型(负温度系数热敏电阻器)。

第四部分:序号,也由数字表示,代表规格、性能。往往厂家出于区别本系列产品的特殊需要,在序号后加'派生序号',由字母、数字和'−'号组合而成。

例:MZ11表示序号为1的正温度系数型普通用途热敏电阻敏感元件。

D 热敏电阻器的主要参数

各种热敏电阻器的工作条件一定要在其出厂参数允许范围之内。热敏电阻的主要参数有十余项:标称电阻值、使用环境温度(最高工作温度)、测量功率、额定功率、标称电压(最大工作电压)、工作电流、温度系数、材料常数、时间常数等。其中标称电阻值是在25℃零功率时的电阻值,实际上总有一定误差,应在±10%之内。普通热敏电阻的工作温度范围较大,可根据需要从−55～+315℃选择,值得注意的是,不同型号热敏电阻的最高工作温度差异很大,如MF11片状负温度系数热敏电阻器为+125℃,而MF53−1仅为+70℃,学生实验时应注意(一般不要超过50℃)。

例如:

MZ73A−1(消磁用正温度系数热敏电阻器):   MF53−1(测温用负温度系数热敏电阻器):

    M——敏感电阻器;   M——敏感电阻器;

    Z——正温度系数热敏电阻器;   F——负温度系数热敏电阻器;

    7——消磁用;   5——测温用;

3A−1——序号。   3−1——序号。

E 热敏电阻选择

首选普通用途负温度系数热敏电阻,因它随温度变化一般比正温度系数热敏电阻易观察,电阻值连续下降明显。若选正温度系数热敏电阻,温度应在该元件居里点温度附近。

例如:MF11普通负温度系数热敏电阻器参数。

主要技术参数名称	参数值
标称阻值(kΩ)	10～15 片状外形 符号
额定功率（W）	0.25
材料常数 B 范围(k)	1980～3630
温度系数(10～2/℃)	−(2.23～4.09)
耗散系数(mW/℃)	≥5
时间常数(s)	≤30
最高工作温度(℃)	125

F　热敏电阻的应用

热敏电阻与简单的放大电路结合,就可检测千分之一度的温度变化,所以和电子仪表组成测温计,能完成高精度的温度测量。普通用途热敏电阻工作温度为 −55～+315℃,特殊低温热敏电阻的工作温度低于 −55℃,可达 −273℃。热敏电阻几乎在每一个部门都有使用,如家用电器、制造工业、医疗设备、运输、通信、保护报警装置和科研等。

2.2.2.3　压敏电阻

固态压阻式传感器是利用硅的压阻效应和集成电路技术制成的新型传感器。它具有灵敏度高、动态响应快、测量精度高、稳定性好、工作温度范围宽、体积小和便于批量生产等特点,因此得到了广泛的应用。由于它克服了半导体应变片存在的问题并能将电阻条、补偿线路、信号转换电路集成在一块硅片上,甚至将计算处理电路与传感器集成在一起,制成了智能型传感器,这是一种具有发展前途的传感器。

A　压敏电阻的工作原理

单晶硅材料在受到力的作用后,其电阻率将随作用力而变化。这种物理现象称为固态压阻式传感器。

半导体材料电阻的变化率 $\Delta R/R$ 主要由 $\Delta\rho/\rho$ 引起,即取决于半导体材料的压阻效应,所以可以用下式表示

$$\frac{\Delta R}{R}\approx\frac{\Delta\rho}{\rho}=\pi\sigma \tag{2-8}$$

在弹性变形限度内,硅的压阻效应是可逆的,即在应力作用下硅的电阻发生变化,而当应力除去时,硅的电阻又恢复到原来的数值。硅的压阻效应因晶体的取向不同而不同。固态压阻式传感器的核心是硅膜片。通常多选用 N 型硅晶片作硅膜片,在其上扩散 P 型杂质,形成四个阻值相等的电阻条。图 2-10 是硅膜片芯体的结构图。将芯片封接在传感器的壳体内,再连接出电极引线就制成了典型的压阻式传感器。

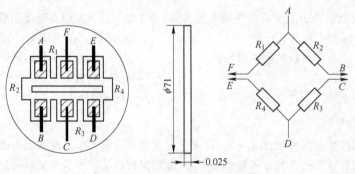

图 2-10　固体压阻式传感器膜片芯体结构

B 压敏电阻的型号

压敏电阻的型号由四部分组成,第一部分用字母"M"表示主称为敏感电阻器。第二部分用字母"Y"表示敏感电阻器为压敏电阻器。第三部分用字母表示压敏电阻器的用途的特征。第四部分用数字表示序号,有的在序号的后面还标有标称电压、通流容量或电阻体直径、电压误差、标称电压等。

例如:

MYL1-1(防雷用压敏电阻器):   MY31-270/3(270 V/3 kA普通压敏电阻器):

    M——敏感电阻器;　　　　　　　　M——敏感电阻器;

    Y——压敏电阻器;　　　　　　　　Y——压敏电阻器;

    L——防雷用;　　　　　　　　　　31——序号;

    1-1——序号。　　　　　　　　　270——标称电压为270 V;

    　　　　　　　　　　　　　　　　3——通流容量为3 kA。

C 压敏电阻的应用

由于压敏电阻具有频率响应高、体积小、精度高、灵敏度高等优点,所以它在航空、航海、石油、化工、动力机械、兵器工业以及医学等方面得到了广泛的应用。

在机械工业中,可用于测量冷冻机、空调机、空气压缩机的压力和气流流速,以监测机器的工作状态。在航空工业上,用来测量飞机发动机的中心压力。在进行飞机风洞模型实验中,可以采用微型压阻式传感器安装在模型上,以取得准确的实验数据。在兵器工业上,测量枪炮膛内的压力,也可对爆炸压力及冲击波进行测量。还广泛用于医疗事业中,目前已有各种微型传感器用来测量心血管、颅内、尿道、眼球内的压力。随着微电子技术以及电子计算机的发展,固态压阻式传感器的应用将会越来越广泛。

2.2.2.4 气敏电阻

在现代社会的生产和生活中,人们往往会接触到各种各样的气体,需要对它们进行检测和控制。比如化工生产中气体成分的检测与控制;煤矿瓦斯浓度的检测与报警;环境污染情况的监测;煤气泄漏;火灾报警;燃烧情况的检测与控制等等。气敏电阻传感器就是一种将检测到的气体的成分和浓度转换为电信号的传感器。

气敏电阻是一种半导体敏感器件,它是利用气体的吸附而使半导体本身的电导率发生变化这一机理来进行检测的。人们发现某些氧化物半导体材料如 SnO_2、ZnO、Fe_2O_3、MgO、NiO、$BaTiO_3$ 等都具有气敏效应。

常用的主要有接触燃烧式气体传感器、电化学气敏传感器和半导体气敏传感器等。接触燃烧式气体传感器的检测元件一般为铂金属丝(也可表面涂铂、钯等稀有金属催化层),使用时对铂丝通以电流,保持300~400℃的高温,此时若与可燃性气体接触,可燃性气体就会在稀有金属催化层上燃烧,因此,铂丝的温度会上升,铂丝的电阻值也上升;通过测量铂丝的电阻值变化的大小,就知道可燃性气体的浓度。电化学气敏传感器一般利用液体(或固体、有机凝胶等)电解质,其输出形式可以是气体 直接氧化或还原产生的电流,也可以是离子作用于离子电极产生的电动势。半导体气敏传感器具有灵敏度高、响应快、稳定性好、使用简单的特点,应用极其广泛。

2.2.2.5 光敏电阻

A 工作原理

光敏电阻是采用半导体材料制作,利用内光电效应工作的光电元件。它在光线的作用下其阻值往往变小,这种现象称为光导效应,因此,光敏电阻又称光导管。

　　用于制造光敏电阻的材料主要是金属的硫化物、硒化物和碲化物等半导体。通常采用涂敷、喷涂、烧结等方法在绝缘衬底上制作很薄的光敏电阻体及梳状欧姆电极,然后接出引线,封装在具有透光镜的密封壳体内,以免受潮影响其灵敏度。光敏电阻的原理结构如图2-11所示。在黑暗环境里,它的电阻值很高,当受到光照时,只要光子能量大于半导体材料的禁带宽度,则价带中的电子吸收一个光子的能量后可跃迁到导带,并在价带中产生一个带正电荷的空穴,这种由光照产生的电子-空穴对增加了半导体材料中载流子的数目,使其电阻率变小,从而造成光敏电阻阻值下降。光照愈强,阻值愈低。入射光消失后,由光子激发产生的电子-空穴对将逐渐复合,光敏电阻的阻值也就逐渐恢复原值。

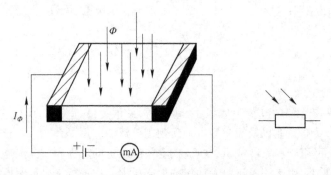

图 2-11　光敏电阻结构示意图及图形符号

　　在光敏电阻两端的金属电极之间加上电压,其中便有电流通过,受到适当波长的光线照射时,电流就会随光强的增加而变大,从而实现光电转换。光敏电阻没有极性,纯粹是一个电阻器件,使用时既可加直流电压,也可以加交流电压。

　　B　光敏电阻器型号命名方法

　　光敏电阻器的型号命名分为三个部分,第一部分用字母表示主称。第二部分用数字表示用途或特征。第三部分用数字表示产品序号。

　　例如:MG45-14(可见光敏电阻器):M——敏感电阻器;G——光敏电阻器;4——可见光;5-14——序号。

　　C　光敏电阻的应用

　　光敏电阻可广泛应用于各种光控电路,如对灯光的调控等场合,也可用于光控开关。

2.3　电容式传感器

　　电容式传感器是将被测量(如尺寸、压力等)的变化转换成电容量变化的一种传感器。

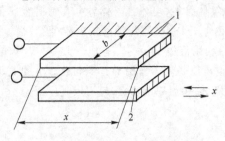

图 2-12　电容式传感器原理图
1—上平行极板;2—下平行极板

2.3.1　电容式传感器的工作原理

　　电容式传感器的工作原理可以平板电容器来说明,如图2-12所示。当忽略边缘效应时,其电容量与面积、介电常数成正比,与极距成反比。

　　由物理学可知,在忽略边缘效应的情况下,平板电容器的电容量为

$$C = \frac{\varepsilon_0 \varepsilon S}{\delta} \quad (\text{F}) \qquad (2\text{-}9)$$

式中　ε_0——真空的介电常数，$\varepsilon_0 = 8.854 \times 10^{-12}$ F/m；

　　　ε——极板间介质的相对介电系数，见表2-1，在空气中取 $\varepsilon = 1$；

　　　S——极板的遮盖面积，m^2；

　　　δ——两平行极板间的距离，m。

传感器的灵敏度为

$$K = \frac{dC}{d\delta} = -\frac{\varepsilon_0 \varepsilon S}{\delta^2} = -\frac{C}{\delta} \tag{2-10}$$

式(2-9)表明，当被测量 δ、S 或 ε 发生变化时，会引起电容的变化。如果保持其中的两个参数不变，而仅改变另一个参数，就可把该参数的变化变换为单一电容量的变化，再通过配套的测量电路，将电容的变化转换为电信号输出。根据电容器参数变化的特性，电容式传感器可分为极距变化型、面积变化型和介质变化型三种，其中极距变化型和面积变化型应用较广。为了提高传感器的灵敏度，减小非线性，常常把传感器做成差动形式。

下表2-1列出了几种常用气体、液体、固体介质的相对介电常数。

表 2-1　几种介质的相对介电常数

介质名称	相对介电常数 ε_r	介质名称	相对介电常数 ε_r
真　空	1	玻璃釉	3～5
空　气	略大于1	SiO_2	38
其他气体	1～1.2	云　母	5～8
变压器油	2～4	干的纸	2～4
硅　油	2～3.5	干的谷物	3～5
聚丙烯	2～2.2	环氧树脂	3～10
聚苯乙烯	2.4～2.6	高频陶瓷	10～160
聚四氟乙烯	2.0	低频陶瓷、压电陶瓷	1000～10000
聚偏二氟乙烯	3～5	纯净的水	80

2.3.2　电容式传感器的测量转换电路

电容传感器的电容值一般都很小(几皮法到几十皮法)，这样微小的电容不便直接显示、记录和传输，必须借助测量电路将其转换成电压、电流或频率信号。常用的电容传感器的测量电路有：电桥电路、调频(谐振)电路、脉冲宽度调制电路和运算放大电路。

2.3.3　电容传感器特点

电容传感器主要优点是输入能量小而灵敏度高，电参量相对变化大，动态特性好，能量损耗小，结构简单，适应性好。

电容传感器主要缺点是非线性大，电缆分布电容影响大。一般的解决办法是利用测量电路，电容转换成电压变化也是非线性的。因此，输出与输入之间的关系出现较大的非线性。采用差动式结构非线性可以得到适当改善，但不能完全消除。输出电压 u_y 与电容传感器间隙 δ 成线性关系。

2.3.4　电容式传感器的应用

电容式传感器广泛应用在位移、压力、流量、液位等的测试中。电容式传感器的精度和稳定性也日益提高,高精度达 0.01% 电容式传感器已有商品出现,如一种 250 mm 量程的电容式位移传感器,精度可达 5 μm。

2.3.4.1　电容式测厚仪

测量金属带材在轧制过程中厚度,C_1、C_2 工作极板与带材之间形成两个电容,其总电容为 $C = C_1 + C_2$。当金属带材在轧制中厚度发生变化时,将引起电容量的变化。通过检测电路可以反映这个变化,并转换和显示出带材的厚度,如图 2-13 所示。

2.3.4.2　电容式转速传感器

当齿轮转动时,电容量发生周期性变化(见图 2-14),通过测量电路转换为脉冲信号,则频率计显示的频率代表转速大小。设齿数为 z,频率为 f,则转速为:

$$n = \frac{60f}{z} \quad (\text{r/min}) \tag{2-11}$$

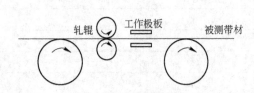

图 2-13　电容式测厚仪

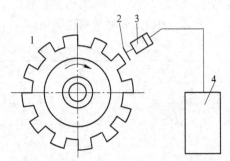

图 2-14　电容式转速传感器的结构原理
1—齿轮;2—定级;3—电容式传感器;4—频率计

2.4　电感式传感器

2.4.1　工作原理

电感式传感器的工作原理是电磁感应。它是把被测量如位移等,转换为电感量变化的一种装置。按照转换方式的不同,可分为自感式(包括可变磁阻式与涡流式)和互感式(差动变压器式)两种。

电感式传感器是利用线圈自感或互感的变化实现测量的一种装置。

电感式传感器的核心部分是可变自感或可变互感,在将被测量转换成线圈自感或线圈互感的变化时,一般要利用磁场作为媒介或利用铁磁体的某些现象。这类传感器的主要特征是具有电感绕组。

电感式传感器具有以下优点:结构简单可靠、输出功率大、输出阻抗小、抗干扰能力强、对工作环境要求不高、分辨力较小(如在测量长度时一般可达 0.1 μm)、示值误差一般为示值范围的 0.1% ~0.5% 稳定性好。它的缺点是频率响应低,不宜用于快速测量。

此外,利用电涡流原理的电涡流式传感器,利用压磁原理的压磁式传感器,利用平面绕组互感原理的感应同步器等,亦属此类。

自感式传感器尽管在铁心与衔铁之间有一个空气隙,但由于其值不大,所以磁路是封闭的。根据磁路的基本知识,线圈自感可按下式计算

$$L = N^2/R_{\mathrm{m}} \tag{2-12}$$

式中 N——线圈匝数；

    R_m——磁路总磁阻。

对图示情况，因为气隙厚度 δ 较小，可以认为气隙磁场是均匀的，若忽略磁路铁损，则总磁阻为

$$R_m = \sum(l_i/\mu_i S_i) + 2\delta/\mu_0 S \tag{2-13}$$

式中 l_i——各段导磁体的长度；

    μ_i——各段导磁体的磁导率；

    S_i——各段导磁体的截面积；

    δ——空气隙的厚度；

    μ_0——真空磁导率，$\mu_0 = 4\pi\times10^{-7}\mathrm{H/m}$；

    S——空气隙截面积，$S = a\times b$。

将 R_m 代入上式可得

$$L = N^2/[\sum(l_i/\mu_i S_i) + 2\delta/\mu_0 S] \tag{2-14}$$

在铁心的结构和材料确定之后，上式分母第一项为常数，此时自感 L 是气隙厚度 δ 和气隙截面积 S 的函数，即 $L = f(\delta, S)$。如果保持 S 不变，则 L 为 δ 的单值函数，可构成变气隙型传感器；如果保持 δ 不变，使 S 随位移而变，则可构成变截面型传感器。线圈中放入圆形衔铁，也是一个可变自感。使衔铁上下位移，自感量将相应变化，这就可构成螺管型传感器。

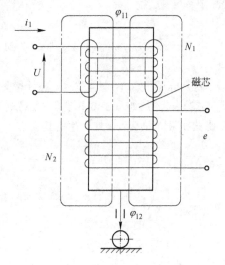

图 2-15 互感式传感器原理图

互感式传感器本身是其互感系数可变的变压器，当一次侧线圈接入激励电压后，二次侧线圈将产生感应电压输出，互感变化时，输出电压将作相应变化。一般，这种传感器的二次侧线圈有两个，接线方式又是差动的，故常称之为差动变压器式传感器。

这种传感器的工作原理如图 2-15 所示。设在磁芯上绕有两个线圈 N_1、N_2，则当匝数为 N_1 的一次侧线圈通入激励电流 i_1 时它将产生磁通 φ_{11}（线圈 N_1 所磁链通），其中将有一部分磁通 φ_{12} 穿过匝数为 N_2 的二次侧线圈，从而在线圈 N_2 中产生互感电动势 E，其表达式为

$$\dot{E} = \mathrm{d}\dot{\varphi}_{12}/\mathrm{d}t = M\mathrm{d}\dot{I}_1/\mathrm{d}t \tag{2-15}$$

式中 $\dot{\varphi}_{12}$——穿过 N_2 的磁链，$\varphi_{12} = N_2\phi_{12}$；

    M——线圈 N_1 对 N_2 的互感系数，$M = \mathrm{d}\psi_{12}/\mathrm{d}I_1$。

设 $\dot{I}_1 = I_{1M}\mathrm{e}^{-\mathrm{j}\omega t}$，其中 I_{1M} 为电流模量，ω 为电源角频率，则

$$\mathrm{d}M\mathrm{d}t = -\mathrm{j}\omega I_{1M}\mathrm{e}^{-\mathrm{j}\omega t},\ \dot{E} = -\mathrm{j}\omega M\dot{I}_1 \tag{2-16}$$

因为 $\dot{I}_1 = \dot{U}/(R_1 + \mathrm{j}\omega L_1)$，其中 $\dot{U}$ 为激励电压，R_1 为一次侧线圈的有效电阻，L_1 为一次侧线圈的电感，则二次侧线圈开路输出电压 U_o 及其有效值为

$$\dot{U}_o = \dot{E} = -\mathrm{j}\omega M\dot{U}/(R_1 + \mathrm{j}\omega L_1) \tag{2-17}$$

$$U_o = \omega MU/\sqrt{R_1^2 + (\omega L_1)^2} \tag{2-18}$$

由式(2-17)、式(2-18)可知,输出电压信号将随互感变化而变化。

传感器工作时,被测量的变化将使磁芯位移,后者引起磁链 φ_{12} 和互感 M 变化,最终使输出电压变化。

2.4.2　电感计算及特性分析

自感计算及特性分析,对于气隙型自感传感器,其自感值为

$$L = N^2 \mu_0 S / 2\delta' \tag{2-19}$$

式中　δ'——折合气隙,$\delta' = \delta + [\mu_0 S \sum (l_i / \mu_i S_i)]/2$,考虑到导磁体的磁导率 μ_i 比空气磁导率 μ_0 大得多,实际上 δ' 与 δ 较接近。

由式(2-19)可见,L 与 δ' 的关系为双曲线,如图 2-16(a)所示。

若工作点选在 δ'_0(原始折合气隙 $\delta'_0 = \delta_0 + [\mu_0 S \sum (l_i / \mu_i S_i)]/2$,$\delta_0$ 为原始气隙),相应地自感为 L_0,则衔铁移动使气隙减小 $\Delta\delta$ 时,自感增加 ΔL,其值为

$$\Delta L = N^2 \mu_0 S / [2(\delta'_0 - \Delta\delta)] - N^2 \mu_0 S / (2\delta'_0) L_0 [\Delta\delta / (\delta'_0 - \Delta\delta)] \tag{2-20}$$

由式(2-20)也可以看出 $L - \delta'$ 特性不是线性的,粗略地作线性化处理,可忽略上式分母中的 $\Delta\delta$,则得

$$\Delta L = L_0 \Delta\delta / \delta'_0 \tag{2-21}$$

取 $y = \Delta L / L_0$,$x = \Delta\delta / \delta'_0$,则式(2-21)写成

$$y = x / (1 - x) \tag{2-22}$$

这是电感相对增量与气隙相对增量之间的关系方程式。若用线性特性方程 $y = x$,即式(2-22)来代替,如图 2-16(b)所示,显然线性误差较大。为此可以采用线性特性方程 $y = (1 + \varepsilon)x$,并使其在最大量程 x_M 处产生的正误差 Δy_M 和在 x_1 处产生的负误差 Δy_1,在数值上相等,即取

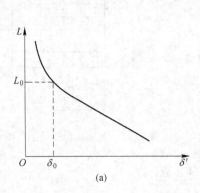
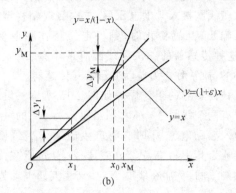

图 2-16　特性曲线及分析

(a) L 与 δ' 特性曲线;(b) $\Delta L / L_0 - \Delta\delta / \delta'_0$ 特性分析

$$\Delta y_1 = -\Delta y_M \tag{2-23}$$

其中,ε 为某一小正数。因为原始方程与线性方程之差为

$$\Delta y = x / (1 - x) - (1 + \varepsilon)x \tag{2-24}$$

x_1 点的位置可按

$$\frac{\mathrm{d}(\Delta y)}{\mathrm{d}x} = \frac{1}{(1 - x)^2} - (1 + \varepsilon)\big|_{x = x_1} = 0$$

求得,即

$$x_1 = 1 - 1/\sqrt{1+\varepsilon}$$

将 x_1 代入式(2-24)得

$$\Delta y_1 = 2\sqrt{1+\varepsilon} - (1+\varepsilon) - 1 \approx 2(1 + \varepsilon/2 - \varepsilon^2/8) - (1+\varepsilon) - 1 = -\varepsilon^2/4$$

把 $x = x_M$ 代入式(2-24),并考虑到式(2-23),可得

$$x_M/(1-x_M) - (1+\varepsilon)x_M = \varepsilon^2/4$$

由此可以算得

$$\varepsilon = 2x_M[\sqrt{(2-x_M)/(1-x_M)} - 1] \tag{2-25}$$

式(2-25)表示在满足 $\Delta y_1 = -\Delta y_M$ 的条件下,ε 与 x_M 的关系。设非线性相对误差为 γ,则

$$\begin{aligned}
\gamma &= \Delta y_M/y_M = \frac{x_M/(1-x_M) - (1+\varepsilon)x_M}{x_M/(1-x_M)} \\
&= 3x_M - 2x_M^2 - 2x_M\sqrt{(2-x_M)(1-x_M)} \\
&\approx 3x_M - 2x_M^2 - 2\sqrt{2}x_M\left(1 - \frac{3}{4}x_M + \frac{1}{4}x_M^2\right)
\end{aligned}$$

忽略 x_M^3 项可得

$$x_M^2 + \sqrt{2}x_M^2 - (4 - 3\sqrt{2})\gamma = 0$$

则

$$x_M = -\sqrt{2}/2 + \sqrt{1/2 + (4 + 3\sqrt{2})\gamma} \approx (3 + 2\sqrt{2})\gamma \tag{2-26}$$

根据式(2-26),可按给定的非线性误差求最大量程,也可按给定的量程求最大的非线性误差。例如,选取 $\gamma = 0.01$,则 $x_M = 0.058 \approx 1/17$,为了改善其线性以在实际中大都采用差动式。

如图 2-17 所示,这里有两个电感线圈,当衔铁由原始平衡位置变动 $\Delta\delta$ 时,一个线圈电感量增加,一个线圈电感量减少,电感总变化量为

$$\Delta L_Z = L_1 - L_2 = \left[\frac{N^2\mu_0 S}{2(\delta_0' - \Delta\delta)} - \frac{N^2\mu_0 S}{2(\delta_0' + \Delta\delta)}\right] = 2L_0\frac{\Delta\delta}{\delta_0' - (\Delta\delta)^2/\delta_0'}$$

令 $y = \Delta L_Z/(2L_0)$,$x = \Delta\delta/\delta_0'$,则上式可写成

$$y = x/(1-x^2)$$

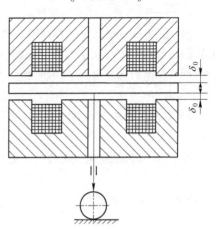

利用上述类似的方法求解,可得下列关系

$$x_M = 2\sqrt{\gamma} \tag{2-27}$$

若选取 $\gamma = 0.01$,则 $x_M = 0.2 = 1/5$,即 $\Delta\delta_{max} = \delta_0'/5$。

差动式的与单线圈的相比,有下列优点:

(1) 线性好;

(2) 灵敏度提高一倍,即衔铁位移相同时,输出信号大一倍;

(3) 温度变化、电源波动、外界干扰等对传感器的影响,由于能够相互抵消而减小;

图 2-17 气隙型差动传感器

(4) 电磁吸力对测力变化的影响也由于能够相互抵消而减小。

因此,在实际中大都采用差动式。单线圈式的结构简单,有时也应用于要求不高的场合。这些结论对下面讨论的截面型及螺管型传感器也同样适合。图 2-17 所示为截面型差动式自感传感器原理图,它是通过导磁截面积的变化而使自感变化的。因为上下线圈通电时在中段气隙部分产生的磁通由于方向相反而基本抵消,可认为没有磁压降。若忽略导磁体部分的磁阻,则线圈自感为

$$L = \Lambda_m N^2 = \lambda b N^2 \tag{2-28}$$

式中　Λ_m——圆柱面间的总磁导;

　　　λ——圆柱面间的比磁导,$\lambda = 2\pi\mu_0/\ln(d_2/d_1)$,$d_1$、$d_2$ 为圆柱内外间隙的内外径;

　　　b——衔铁与铁心的覆盖长度。

其它符号的意义同前。

在原始平衡状态,$b = b_0$,$L = L_0 = N^2\lambda b_0$,当衔铁位移 Δb 时,单个电感的增量为

$$\Delta L = L_0\Delta b/b_0 \tag{2-29}$$

式(2-29)说明,这类传感器的特性是线性的。但实际上由于边缘磁通等因素的影响,仍存在非线性误差,不过与前一类相比要好得多。

螺管式自感传感器属于大气隙传感器,磁芯上下两端的空气隙可与侧气隙相比。因此磁通可以认为是由两部分组成的:一部分经上下气隙闭合,称为主磁通 Φ_m;另一部分经过圆柱型磁芯侧面气隙闭合,称为侧磁通 Φ_s,又称为漏磁通。

下面计算单个线圈的电感量。忽略磁性材料的磁阻,假定主磁通 Φ_m 与线圈全部匝数链合,则主磁通和主磁链分别为

$$\Phi_m = IN\mu_0\pi R^2/(h-t) \tag{2-30}$$

$$\psi_m = N\Phi_m = IN\mu_0\pi R^2/(h-t) \tag{2-31}$$

式中　N——单个线圈的匝数;

　　　I——流经线圈的电流;

　　　μ_0——空气的磁导率;

　　　R——磁通作用半径,由磁芯半径及端部空气隙的大小决定;

　　　h——单个线圈的高度;

　　　t——磁芯插入线圈的深度。

侧磁通 Φ_s 通过磁芯侧面与线圈交链,交链部分只是磁芯侧面遮盖到的部分线圈。在线圈不同高度处,磁动势 IN_x 是不同的,磁通交链到的线圈匝数也是不一样的。如图 2-17 所示,离线圈一端(即两线圈的交界线)x 处的磁动势为

$$F_x = IN_x = INx/h \tag{2-32}$$

微分单元磁导为 $\lambda\mathrm{d}x$,其中 λ 为比磁导,圆柱面间的比磁导同式(2-27)。x 处微分单元磁通为

$$\mathrm{d}\phi_x = F_x\lambda\mathrm{d}x \tag{2-33}$$

此微分单元磁通所链及的线圈匝数为 $N_x = Nx/h$,则微分单元磁链可写成

$$\mathrm{d}\psi_x = N_x\mathrm{d}\phi_x = IN^2\lambda x^2\mathrm{d}x/h^2$$

整个线圈的侧磁链为

$$\psi_x = \int_0^t \mathrm{d}\psi_x = IN^2\lambda^3/3h^2 \tag{2-34}$$

线圈的总磁链为

$$\psi = \psi_m + \psi_s = IN^2[\mu_0\pi R^2/(h-t) + \lambda^3/3h^2]$$

由此可得单个线圈的电感量为

$$L = \psi/I = N^2[\mu_0\pi R^2/(h-t) + \lambda^3/3h^2] \tag{2-35}$$

它可以看成由主电感 L_m 及侧电感 L_s 两部分组成。

磁通作用半径 R 与边缘效应有关,即与气隙长度 $\delta(\delta = h - t)$ 和磁芯直径 d 有关,并可由下式算得

$$R = (1 + a)d/2 \tag{2-36}$$

a 可根据 δ、d 的值由图 2-16 所列线图查得。

由图可以看出,随着气隙 δ 的变大或变小,a 也变大或变小。这样,可以认为主磁导 $\mu_0\pi R^2/(h-t)$ 在磁芯作小位移的情况下是常数。因此,可以认为磁芯位移只是引起侧电感 L_s 变化,而主电感 L_m 基本不变。

在原始位置,$t = t_0$,$L_0 = L_{m0} + L_{s0} = N^2[\mu_0\pi R^2/(h-t_0) + (\lambda t_0^3/3h^2)]$。当磁芯位移 Δt 时,电感增量为

$$\Delta L = N^2[\lambda(t_0+\Delta t)^3/3h^2 - (\lambda_0^3/3h^2)] = L_{s0}[3(\Delta t/t_0) + 3(\Delta t/t_0)^2 + (\Delta t/t_0)^3]$$

这样,对单线圈传感器,忽略高次项 $(\Delta t)^3$,可得电感相对增量为

$$\Delta L/L_0 = 3(L_{s0}/L_0)[(\Delta t/t_0) + (\Delta t/t_0)^2] \tag{2-37}$$

可见非线性误差较大。

对差动式传感器,则磁芯移动 Δt 时,一个电感增加,另一个电感减小,电感总增量为

$$\Delta L_Z = L_1 - L_2 = L_{s0}\left\{\left[3\left(\frac{\Delta t}{t_0}\right) + 3\left(\frac{\Delta t}{t_0}\right)^2 + \left(\frac{\Delta t}{t_0}\right)^3\right] - \left[-3\left(\frac{\Delta t}{t_0}\right) + 3\left(\frac{\Delta t}{t_0}\right)^2 - \left(\frac{\Delta t}{t_0}\right)^3\right]\right\} = 6L_{s0}\left[\left(\frac{\Delta t}{t_0}\right) + \frac{1}{3}\left(\frac{\Delta t}{t_0}\right)^3\right]$$

相对增量为

$$\Delta L_Z/L_0 = (6L_{s0}/L_0)\left[\left(\frac{\Delta t}{t_0}\right) + \frac{1}{3}\left(\frac{\Delta t}{t_0}\right)^3\right] \tag{2-38}$$

可见非线性度误差要小得多。

把上述三种类型比较一下,气隙型自感传感器灵敏度高,因为原始气隙 δ_0 一般取值很小(0.1~0.5 mm)。当 $\Delta\delta = 1~\mu m$ 时,电感相对变化 $\Delta L/L_0$ 可达 1/100~1/500,因而它对电路的放大倍数要求低。它的主要缺点是:非线性严重,为了限制非线性误差,示值范围只能较小;它的自由行程小,因为衔铁在运动方向上受到铁心限制;制造装配困难。由于这些原因,近年来这种类型的使用逐渐减少,不过在一些特殊场合下还使用。截面型自感传感器灵敏度较低,这是因为 b_0 值一般取 $x = \Delta\delta/\delta_0^r$。由式(2-29)可见,当 $\Delta b = 1~\mu m$ 时,$\Delta L/L_0$ 将为 1/2000~1/5000。若人为地把 b_0 取小,由于边缘磁通的存在,其等效值仍较大,且线性变坏。截面型的优点是具有较好的线性,因而示值范围可取大些,自由行程可按需要安排,制造装配也较方便。螺管型自感传感器的灵敏度比截面型的更低,但示值范围大,线性也较好,同时还具备自由行程可任意安排、制造装配方便等优点。此外,螺管型与截面型相比,批量生产中的互换性好。即截面型传感器往往要和仪器电箱配合使用,不易互换,而螺管传感器较能保证其特性大体一致,这对装配、调试、使用都带来方便,尤其在使用两个(和差测量)或多个(多点测量)传感器时,这一点更为重要。螺管型传感器的线圈形状对其线性度及稳定度有较大影响,要求线圈骨架的形状及尺寸稳定不变,线圈绕制要均匀一致,这一点在设计制造时要加以注意。由于具有上述优点,而灵敏度低的问题可在放大电路方面加以解决,目前螺管型传感器的应用越来越多。

2.4.3 转换电路和传感器灵敏度

传感器实现了把被测量的变化转变为自感和互感量的变化。为了测出自感或互感量的变

化,同时也为了送入下级电路进行放大和处理,就要用转换电路把自感变化转换成电压(或电流)变化。把传感器自感接入不同的转换电路后,原则上可将自感变化转换成电压(电流)的幅值、频率、相位的变化,它们分别称为调幅、调频、调相电路。在自感式传感器中,调幅电路用得较多,调频、调相电路用得较少。

调幅电路的一种主要形式是交流电桥。

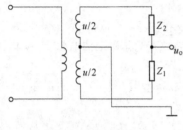

图 2-18 所示为变压器电桥,Z_1、Z_2 为传感器两个线圈的阻抗,另两臂为电源变压器二次侧线圈的两半,每半的电压为 $u/2$。输出空载电压为

$$u_o = \frac{u}{Z_1 + Z_2}Z_1 - \frac{u}{2} = \frac{u}{2}\frac{Z_1 - Z_2}{Z_1 + Z_2} \tag{2-39}$$

在初始平衡状态,$Z_1 = Z_2 = Z$,$u_o = 0$。当衔铁偏离中间零点 $Z_1 = Z + \Delta Z$,$Z_2 = Z - \Delta Z$,代入上式可得

$$u_o = (u/2) \times (\Delta Z/Z) \tag{2-40}$$

图 2-18　变压器电桥

这种桥路使用元件少,输出阻抗小(变压器二次侧线圈的阻抗可忽略,输出阻抗为传感器两线圈阻抗的并联,即为 $\sqrt{R^2 + (\omega L)^2}/2$),因而获得广泛应用。

顺便提及,当传感器衔铁移动方向相反时,$Z_1 = Z - \Delta Z$、$Z_2 = Z + \Delta Z$ 则空载输出电压将为

$$u_o = -(u/2) \times (\Delta Z/Z) \tag{2-41}$$

将此公式与式(2-40)比较,说明这两种情况的输出电压大小相等,方向相反,即相位差 180°。这两个式子所表达的电压都为交流信号,如果用示波器去看波形,结果是一样的。为了判别衔铁位移方向,就是判别信号的相位,要在后续电路中配置相敏检波器来解决。

传感器线圈的阻抗变化 ΔZ 为损耗电阻变化 ΔR 及感抗变化 $\omega \Delta L$ 两部分,即 $\Delta Z = (R\Delta R + \omega^2 L \Delta L)/\sqrt{R^2 + (\omega L)^2}$。考虑到电感线圈的品质因数 $Q = \omega L/R$,则代入式(2-41)可得

$$u_o = \frac{u}{2}\left[\frac{R^2}{R^2 + (\omega L)^2}\frac{\Delta R}{R} + \frac{\omega^2 L^2}{R^2 + (\omega L)^2}\frac{\Delta L}{L}\right] = \frac{u}{2(1 + 1/Q^2)}\left[\frac{\Delta L}{L} + \frac{1}{Q^2}\left(\frac{\Delta R}{R}\right)\right] \tag{2-42}$$

由式(2-42)可以看出,若 $\Delta R/R$ 可以忽略,式(2-42)为

$$u_o = \frac{u}{2}\frac{(\omega L)^2}{R^2 + (\omega L)^2}\frac{\Delta L}{L} = \frac{u}{2(1 + 1/Q^2)}\frac{\Delta L}{L} \tag{2-43}$$

若能设计成 $\Delta L/L = \Delta R/R$,或使其有较大的 Q 值,则上式为

$$u_o = (u/2) \times (\Delta L/L) \tag{2-44}$$

图 2-19 所示是另一种调幅电路,一般称为谐振式调幅电路。这里,传感器自感 L 与一个固定电容 C 和一个变压器 T 串联在一起,接入外接电源 u 后,变压器的二次侧将有电压 u_o 输出,

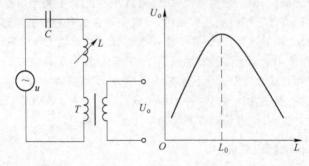

图 2-19　谐振式调幅电路

输出电压频率与电源频率相同,幅度随 L 变化。图 2-20 所示为输出电压 u_o 与自感 L 的关系曲线,其中 L_0 为谐振点的自感值。实际应用时可以使用特性曲线一侧接近线性的一段。这种电路的灵敏度很高,但线性差,适用于线性要求不高的场合。

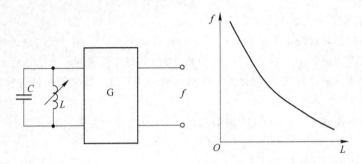

图 2-20　调频电路

调频电路的基本原理是传感器自感 L 变化将引起输出电压频率 f 的变化。一般是把传感器自感 L 和一个固定电容 C 接入一个振荡回路中。

图中 G 表示振荡回路,其振荡频率 $f = 1/2\pi\sqrt{LC}$,当 L 变化时,振荡频率随之变化,根据 f 的大小即可测出被测量之值。

当 L 有了微小变化 ΔL 后,频率变化 Δf 为

$$\Delta f = -(LC)^{-3/2}C\Delta L/4\pi = -(f/2)\times(\Delta L/L) \tag{2-45}$$

如图 2-20 所示 f 与 L 的特性,它具有严重的非线性关系,用于动态范围很小的情况下或要求后续电路作适当的处理。

调频电路只有在 f 较大的情况下才能达到较高的精度。例如,若测量频率的精度为 1 Hz,那么当 $f = 1$ MHz 时,相对误差为 10^{-6}。

调相电路的基本原理是传感电感 L 变化将引起输出电压相位 φ 变化。

图 2-21 所示是一个相位电路,一臂为传感器 L,另一臂为固定电阻 R。设计时使电感线圈具有高品质因数。忽略其损耗电阻,则电感线圈与固定电阻上压降 U_L 与 U_R 二个相量是互相垂直的,如图 2-21 所示。当电感 L 变化时,输出电压 U_o 的幅值不变,相位角 φ 随之变化。φ 与 L 的关系为

$$\varphi = -2\tan^{-1}(\omega L/R) \tag{2-46}$$

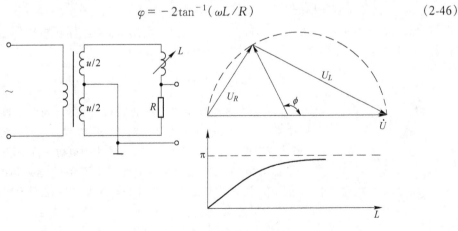

图 2-21　相位电路

式中　ω——电源角频率。

在这种情况下,当 L 有了微小变化 ΔL 后,输出电压相位变化 $\Delta\varphi$ 为

$$\Delta\varphi = \frac{2(\omega L/R)}{1+(\omega L/R)^2}\frac{\Delta L}{L} \tag{2-47}$$

图 2-21 表示出了 φ 与 L 的特性关系。

自感传感器的灵敏度是指传感器结构(测头)和转换电路综合在一起的总灵敏度。下面以调幅电路为例来讨论传感器的灵敏度问题,对调频、调相电路亦可用同样方法进行研究。

传感器结构的灵敏度定义 k_t 为自感值相对变化与引起这一变化的衔铁位移之比,即

$$k_t = (\Delta L/L)/\Delta x \tag{2-48}$$

转换电路的灵敏度 k_c 定义为空载输出电压 u_o 与自感相对变化之比,即

$$k_c = u_o/(\Delta L/L) \tag{2-49}$$

由式(2-48)和式(2-49)可得总灵敏度为

$$k_z = k_t k_c = u_o/\Delta x \tag{2-50}$$

假定采用了气隙型传感器,由式(2-48)可得 $k_t = 1/\delta_0'$,由式(2-49)可得 $k_c = u(\omega L)^2/2[R^2+(\omega L)^2]$,则总灵敏度为

$$k_z = \frac{1}{\delta_0'}\frac{(\omega L)^2}{R^2+(\omega L)^2}\frac{u}{2} \tag{2-51}$$

可见,传感器总灵敏度是三项的乘积,第一项决定于传感器的类型,第二项决定于转换电路的形式,第三项决定于供电电压的大小。传感器类型和转换电路不同,灵敏度表达式也就不同。顺便提及,供电电压 u 要求稳定,因为它将直接影响传感器输出信号的稳定。

在工厂生产中测定传感器的灵敏度是把传感器接入转换电路后进行的,而且规定传感器灵敏度的单位为 $mV/(\mu m\cdot V)$,意思是当电源电压为 1 V,衔铁偏移 1 μm 时,输出电压为若干毫伏。

差动变压器的转换电路一般采用反串电路和桥路两种。

反串电路是直接把两个二次侧线圈反向串接。在这种情况下,空载输出电压等于两个二次侧线圈感应电动势之差,即

$$\dot{U}_o = \dot{E}_{2a} - \dot{E}_{2b}$$

R_1、R_2 是桥臂电阻,R_P 是供调零用的电位器。暂不考虑电位器 R_P,并设 $R_1 = R_2$,则输出电压为

$$\dot{U}_o = [\dot{E}_{2a} - (-\dot{E}_{2b})]R_2/(R_1+R_2) - \dot{E}_{2b} = (\dot{E}_{2a} - \dot{E}_{2b})/2 \tag{2-52}$$

可见,这种电路的灵敏度为前一种的 1/2,其优点是利用 R_P 可进行电调零,不再需要另外配置调零电路。

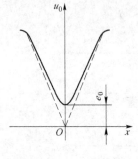

图 2-22　$u_0 - x$ 特性

2.4.4　零点残余电压

前面在讨论桥路输出电压时曾经说过,当两线圈的阻抗相等时,即 $Z_1 = Z_2$,这时电桥平衡输出电压为零。由于传感器阻抗是一个复数阻抗,有感抗也有阻抗,为了达到电桥平衡,就要求两线圈的电阻 R 相等,两线圈的电感 L 相等。实际上,这种情况是难以精确达到的,就是说不易达到电桥的绝对平衡。若画出衔铁位移 x 与电桥输出电压 U_o 有效值的关系曲线,则如图 2-22 所示,虚线为理想特性曲线,实线为实际特性曲线,在零点总有一个最小的输出电

压。一般把这个最小的输出电压称为零点残余电压,并用 e_0 表示。

从示波器上观察到的波形,其中 u 代表电源电压,e_0 代表零点残余电压的波形;这个不太规则的复杂波形实际上是由很多幅值和频率互不相同的谐波组成的,包含了基波和高次谐波两个部分。基波一般为与电源电压相正交的正交分量。高次谐波中有偶次、三次谐波和幅值较小的外界电磁干扰波。

如果零点残余电压过大,会使灵敏度下降,非线性误差增大,不同挡位的放大倍数有显著差别,甚至造成放大器末级趋于饱和,致使仪器电路不能正常工作,甚至不再反映被测量的变化。在仪器的放大倍数较大时,这一点尤应注意。

因此,零点残余电压的大小是判别传感器质量的重要标志之一。在制造传感器时,要规定其零点残余电压不得超过某一定值。例如某自感测微仪的传感器,经 200 倍放大后,在放大器末级测量,零点残余电压不得超过 80 mV。仪器在使用过程中,若有迹象表明传感器的零点残余电压太大,就要进行调整。

造成零残电压的原因,总的来说,是两电感线圈的等效参数不对称。

自感线圈的等效电路如图 2-23 所示。其中与 L 串联的 R_c 是铜损电阻,与其并联的 R_e 和 $R_h(f)$ 则分别代表铁心的涡流损失及磁滞损失;与 L 及 R_c 并联的电容 C 则反映了线圈的自身电容,这在高频时必须给以特别考虑,一般可以忽略。其各处电压、电流的向量图如图 2-24 所示。

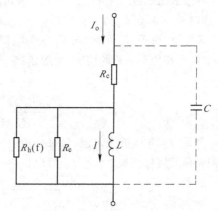

图 2-23 自感线圈的等效电路

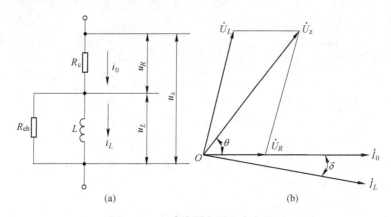

图 2-24 电感线圈电压电流向量图

(a) 电感线圈的等效电路图;(b) 电压电流向量图

i_0—流入线圈的总电流;i_L—流入自感的电流;u_R—铜损电阻上的电位降;u_L—电感上的电位降;

u_z—整个线圈上的电位降,且 $\dot{U}_z = \dot{U}_L + \dot{U}_R$;$\delta$—损耗角,$\tan\delta = \omega L/R_{eh}$;$R_{eh} - R_e // R_h$

由图可以求得 u_z 有效值及其相角 θ 为

$$U_z = \sqrt{(U_L\cos\delta)^2 + (U_R + U_L\sin\delta)^2}$$

$$\theta = \tan^{-1}\frac{U_L\cos\delta}{U_R + U_L\sin\delta}$$

$$= \tan^{-1} \frac{R_{\text{eh}}^2 \omega L}{R_c R_{\text{eh}}^2 + R_c \omega^2 L^2 + R_{\text{eh}} \omega^2 L^2}$$

顺便提及,衔铁位移将引起 u_L 变化,后者又引起 u_z 变化。今求出 u_L 对 u_z 的导数如下:

$$dU_z/dU_L = (U_L + U_R \sin\delta) / \sqrt{U_L^2 + U_R^2 + 2U_L U_R \sin\delta} \tag{2-53}$$

由此式可知,灵敏度 dU_z/dU_L 除与 U_L 有关外,还与 U_R 及 δ 有一定关系。将两个电感线圈接入变压器电桥后,流入两线圈的总电流 I_0 是同一的,如图 2-25 所示。每一线圈内的电压、电流向量仍如图 2-25(b)所示。

理想情况下:$R_{c1} = R_{c2}$,$L_1 = L_2$,则 $u_{z1} = u_{z2}$、$\theta_1 = \theta_2$ 即 u_{z1} 与 u_{z2} 不但大小相等,并且相位一致,这时 $u_0 = 0$,如图 2-25(b)所示。

实际上,由于 $R_{c1} \neq R_{c2}$ 或者 $\delta_1 \neq \delta_2$,则在适当调整 L_1 与 L_2 的情况下,将出现 u_{z1} 与 u_{z2} 的大小相等,但相位不一致的情况,如图 2-25(c)所示,图中 e_0 即为零残电压。由图可以算得

$$e_0 = U_z \sin[(\theta_1 - \theta_2)/2]$$

式中
$$\theta_i = \tan^{-1} \frac{R_{\text{eh}i}^2 \omega L_i}{R_{ci} R_{\text{eh}i}^2 + R_{ci} \omega^2 L_i^2 + R_{\text{eh}i} \omega^2 L_i^2} \quad i = 1,2$$

为了抑制零点残余电压,常采用相敏整流电路,若以 $\dot{U}$ 为参考电压,e_0 的相位接近 90°,这就是测量信号通过相敏整流后,零残电压在很大程度上被抑制的原因。

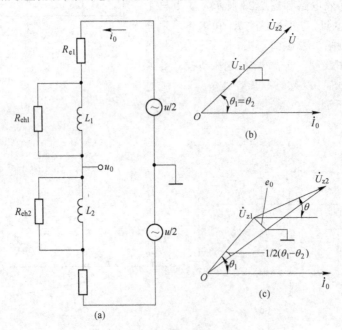

图 2-25　零残电压图解

(a) 零残的等效电路图;(b) U 和 I 大小相等,相位相同的电压电流向量图;
(c) U 和 I 大小相等,相位不同的电压电流向量图

由上可知,为了尽可能地减少零残电压,在设计和制造上应采取相应的措施:设计时应使上、下磁路对称,尽量减小 R_c 增大 R_{eh} 和增加 L 以提高线圈的品质因数;制造时应使上下磁性材料特性一致,磁筒、磁盖、磁芯要配套挑选,线圈排列要均匀,松紧要一致,最好每层的匝数都相等。至于匝间电容,其值较小,在高频时要考虑,在音频范围内关系不大。

为了控制零残电压不超过允许范围,在生产中以及在仪器鉴定中一般还要进行必要的调整。

如图 2-26(a)所示,首先用试探法在其中一臂串入一个电阻 R_1,该电阻可用电位器,也可用康铜丝。串入哪一臂应视零残电压是否有所减少而定。调整时用示波器观察放大器末级输出,一面调 R_1 的大小,一面移动磁芯的位置,直至示波器上没有基波(与振荡电源频率相同的波)信号为止。但这时还会剩下二次谐波或三次谐波,这是由于传感器磁芯的磁化曲线非线性所致。虽然外加电源是正弦的,而通过线圈的电流却发生了畸变,包含了高次谐波,又因两线圈的非线性不一致,高次谐波不能够完全抵消,就在输出电压中显了出来。为此在某一臂并联一电阻 R_2(数十至数百千欧),使该线圈分流,改变磁化曲线上的工作点,从而改变其谐波分量。调整 R_2,使高次谐波减至最小。此外,有时因振荡变压器二次侧不对称,两个二次侧电压的相位不是严格地相同而引起较大的零残电压。这时可把传感器拔去,用两个阻值相同的电阻接入桥路,用试探法在某个一次侧线圈上并一电容 C(100～500 pF),调整 C 的大小,直到零残电压达到最小为止。

上述三种方法,可以综合使用,也可以单项使用。图 2-26(b)中在两臂分别串入 5 Ω 电阻和10 Ω 电位器,调整电位器使两臂电阻分量达到平衡。图 2-26(c)中在两臂并联 10 kΩ、43 kΩ 和电位器 50 kΩ,调节电位器,压低高次谐波的影响。

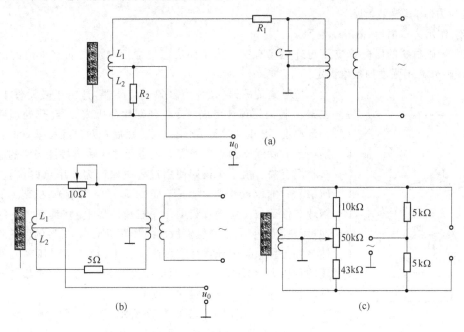

图 2-26 零残电压调整方法
(a) 试探调整法;(b) 串联电位器调整法;(c) 并联电位器调整法

与电自感传感器相似,差动变压器也存在零残电压。为减小差动变压器的零残电压,在设计和工艺上,力求做到磁路对称、线圈对称。铁心材料要均匀,要经过热处理以除去机械应力和改善磁性。两个二次侧线圈窗口要一致,两线圈绕制要均匀一致,一次侧线圈的绕制也要均匀。

在电路上进行补偿,是既简单又行之有效的方法。线路的形式很多,但是归纳起来,不外乎是以下几种方法:加串联电阻;加并联电阻;加并联电容;加反馈绕组或反馈电容等。

2.5 压磁式传感器

压磁式(又称磁弹式)传感器是一种力－电转换传感器。其基本原理是利用某些铁磁材料的压磁效应。

2.5.1　压磁效应

铁磁材料具有结晶体的构造,在晶体形成的过程中也就形成了磁畴。各个磁畴的磁化强度矢量是随机的。在没有外磁场作用时,各个磁畴互相均衡,材料总的磁化强度为零,当有外磁场作用时,磁畴的磁化强度矢量向外磁场方向产生转动,材料呈现磁化。当外磁场很强时,各个磁畴的磁化强度矢量都转向与外磁场平行,这时材料呈现磁饱和现象。如图 2-27 所示。

在磁化过程中,各磁畴之间的界限发生移动,因而产生机械变形,这种现象称为磁致伸缩效应。

铁磁材料在外力的作用下,引起内部发生形变,产生应力,使各磁畴之间的界限发生移动,使磁畴磁化强度矢量转动,从而也使材料的磁化强度发生相应的变化。这种应力使铁磁材料的磁性质变化的现象,称为压磁效应。

铁磁材料的压磁效应的具体内容为:

(1) 材料受到压力时,在作用力方向磁导率 μ 减小,而在作用力相垂直方向,μ 略有增大;作用力是拉力时,其效果相反。

(2) 作用力取消后,磁导率复原。

(3) 铁磁材料的压磁效应还与外磁场有关。为了使磁感应强度与应力间有单值的函数关系,必须使外磁场强度的数值恒定。

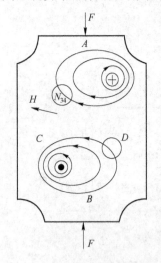

图 2-27　压磁传感器原理图

压磁式传感器(又称为磁弹性传感器)是由压磁元件 1、弹性支架 2、传力钢球 3 组成。冷轧硅钢片冲压成形,经热处理后叠成一定厚度,用环氧树脂粘合在一起,然后在两对互相垂直的孔中分别绕入激励线圈和输出线圈。压磁元件的输出特性与它的应力分布状况有关。为了在长期使用过程中保证力作用点的位置不变,压磁元件的位置和受力情况不变,采取了下列措施:机架上的传力钢球 3 保证被测力垂直集中作用在传感器上,并具有良好的重复性;压磁元件装入由弹簧钢做成的弹性机架内,机架的两道弹性梁使被测力垂直均匀地作用在压磁元件上,且机架对压磁元件有一定的预压力,预压力一般为额定压力的 5%~15%;机架与压磁元件的接合面要求具有一定的平面度。

在压力 F 作用下,如图 2-27 所示,A、B 区域将受到一定的应力 σ,而 C、D 区域基本上仍处于自由状态,于是 A、H 区域的磁导率下降,磁阻增大,而 C、D 区域磁导率基本不变,这样激励绕组所产生的磁力线将重新分布,部分磁力线绕过 C、D 区域闭合,于是合成磁场 H 不再与 N_{34} 平面平行,一部分磁力线与 N_{34} 交链而产生感应电动势 e。F 值越大,与 N_{34} 交链的磁通越多,e 值越大。

由上述可以看出,压磁式传感器的核心部分是压磁元件,它实质上是一个力/电变换元件。

2.5.1.1　材料

压磁元件可采用的材料有硅钢片、坡莫合金和一些铁氧体。坡莫合金是理想的压磁材料,它具有很高的相对灵敏度,但价格较贵。铁氧体也有很高的相对灵敏度,但由于它较脆而不常采用。在压磁式传感器中大多采用硅钢片,虽然灵敏度比坡莫合金低一些,但在许多实际应用中已经可以满足要求。

2.5.1.2 冲片形状

为了减小涡流损耗,压磁元件的铁心大都采用薄片的铁磁材料叠合而成。冲片形状大致上有四种。

四孔圆弧形冲片:它是一个矩形削去四角,这是为了在冲孔部位得到较大的压应力,从而提高传感器的灵敏度。这种冲片适用于测量 500 kN 以下的力,设计应力 σ 约为$(2.5\sim4)$ kN/cm^2。

六孔圆弧形冲片:与上相比,增加了两个较大的孔,因而中间部分受力减小。其结果是灵敏度减低,但扩大了量程。同时也可避免压力增大时中间部分磁路达到饱和状态。这种冲片可测量 3 MN 以下的力,设计应力可达$(7\sim10)$ kN/cm^2。

中字形冲片:激励绕组绕在臂 A,输出绕组绕在臂 C 上,在无外力时,磁力线沿最短路程闭合,与输出绕组交链的比较小。外力作用时,臂 B 的磁导率下降,通过臂 C 的磁力线增多,感应电动势增大。这种冲片的传感器灵敏度高。但零电流也大。设计应力为$(2.5\sim3)$ kN/cm^2。

田字形冲片:在 A、B、C、D 四个臂上分别绕有四个绕组,四个绕组联成一个电感桥。无外力时,各绕组的感抗相等,电桥平衡。有外力时,A、B 两臂有压应力,μ 值下降,电感量减小,而 C、D 两臂基本不变,电桥失去平衡,输出一个正比于外力 F 的电压信号。这种冲片结构稍复杂,但灵敏度高,线性好。

还要指出,压磁元件的制造工艺对其性能有很大的影响。在冲片、热处理、粘合、穿线和装配等几个方面都要精心处理,才能使传感器达到预定的优良性能要求。

2.5.1.3 激励安匝数的选择

压磁元件输出电压的灵敏度和线性度在很大程度上决定于铁材料的磁场强度,而磁场强度取决于激励安匝数。

激励过小或过大都会产生严重的非线性和灵敏度降低,这是因为在压磁式传感器中,铁磁材料的磁化现象不仅与外磁场的作用有关,还与各个磁畴内部磁矩的总和以及外作用力在材料内部引起的应力有关。最佳条件是外加作用力所产生的磁能与外磁场及磁畴磁能之和接近相等,而且工作在磁化曲线(B-H 曲线)的线性段,这样可以获得较好的灵敏度和线性度。

通常,在额定压力下,磁导率的变化大约是 10%～20%。对测力范围为$(1\sim100)\times10$ kN 的压磁式传感器,激励绕组为 8 匝左右,输出绕组为 10 匝左右。

压磁式传感器具有输出功率大、抗干扰能力强、过载性能好、结构与电路简单、能在恶劣环境下工作、寿命长等一系列优点。尽管它的测量精度不高(误差约为 1%),反应速度低,但由于上述优点,尤其是寿命长,对使用条件要求不高这两条,很适合在重工业,化学工业等部门应用。

压磁元件是一个力/电变换元件,因此压磁式传感器最直接的应有是做测力传感器,不过若其他物理量可以通过力的变换的话,也可以使用压磁式传感器进行测量。

目前,这种传感器已成功地用在冶金、矿山、造纸、印刷、运输等各个工业部门。例如用来测量轧钢的轧制力、钢带的张力、纸张的张力、吊车提物的自动称量、配料的称量、金属切削过程的切削力以及电梯安全保护等。

2.5.2 压磁式传感器工作原理

如图 2-28(a)所示,在压磁材料的中间部分开有四个对称的小孔 1、2、3 和 4,在孔 1、2 间绕有激励绕组 N12,孔 3、4 间绕有输出绕组 N34。当激励绕组中通过交流电流时,铁心中就会产生磁场。若把孔间空间分成 A、B、C、D 四个区域,在无外力作用的情况下,A、B、C、D 四个区域的磁导率是相同的。这时合成磁场强度 H 平行于输出绕组的平面,磁力线不与输出绕组交链,N34 不产生感应电动势,如图 2-28(b)所示。

在压力 F 作用下,如图 2-28(c)所示,A、B 区域将受到一定的应力,而 C、D 区域基本处于自由状态,于是 A、B 区域的磁导率下降、磁阻增大,C、D 区域的磁导率基本不变。这样激励绕组所产生的磁力线将重新分布,部分磁力线绕过 C、D 区域闭合,于是合成磁场 H 不再与 N34 平面平行,一部分磁力线与 N34 交链而产生感应电动势 e。F 值越大,与 N34 交链的磁通越多,e 值越大。

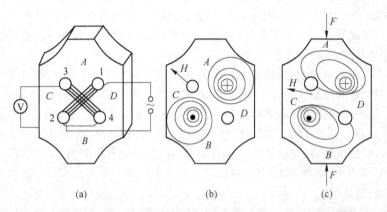

(a)　　　　　　　　　(b)　　　　　　　　　(c)

图 2-28　压磁式传感器工作原理图

(a) 压磁式传感器的结构示意图;(b) 不受外力作用下磁场变化示意图;
(c) 受外力 F 作用下磁场变化示意图

2.5.3　压磁元件

压磁式传感器的核心是压磁元件,它实际上是一个力 – 电转换元件。压磁元件常用的材料有硅钢片、坡莫合金和一些铁氧体。

最常用的材料是硅钢片。为了减小涡流损耗,压磁元件的铁心大都采用薄片的铁磁材料叠合而成。

2.5.4　压磁传感器的应用

压磁式传感器具有输出功率大、抗干扰能力强、过载性能好、结构和电路简单、能在恶劣环境下工作、寿命长等一系列优点。目前,这种传感器已成功地用在冶金、矿山、造纸、印刷、运输等各个工业部门。例如用来测量轧钢的轧制力、钢带的张力、纸张的张力,吊车提物的自动测量、配料的称量、金属切削过程的切削力以及电梯安全保护等。

2.6　压电式传感器

压电式传感器的工作原理是以某些物质的压电效应为基础,它具有自发电和可逆两种重要特性。

2.6.1　压电效应与压电材料

2.6.1.1　压电效应与逆压电效应

某些物质,当沿着一定方向对其加力而使其变形时,在一定表面上将产生电荷,当外力去掉后,又重新回到不带电状态,这种现象称为压电效应。明显呈现压电效应的敏感功能材料叫压电材料。

2.6.1.2 压电材料

常用的压电材料有:压电单晶体,如石英、酒石酸钾钠等;多晶压电陶瓷,如钛酸钡、锆钛酸铅、铌镁酸铅等,又称为压电陶瓷。此外,聚偏二氟乙烯(PVDF)作为一种新型的高分子物性型传感材料得到广泛的应用。

2.6.2 压电式传感器及其等效电路

如图 2-29 所示,压电元件等效为一个电荷源 Q 和一个电容器 C_0 的等效电路,也可等效为一个电压源 U 和一个电容器 C_0 串联的等效电路。其中 R_a 为压电元件的漏电阻。工作时,压电元件与二次仪表配套使用必定与测量电路相连接,这就要考虑连接电缆电容 C_a、放大器的输入电阻 R_i 和输入电容 C_i。

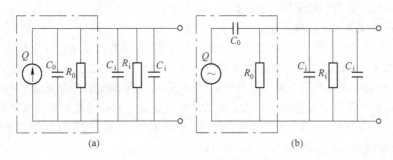

图 2-29 压电元件等效电路图
(a) 等效为电荷源与电容器电路图;(b) 等效为电压源与电容器电路图

由于不可避免地存在电荷泄漏,利用压电式传感器测量静态或准静态量值时,必须采取一定措施,使电荷从压电元件经测量电路的漏失减小到足够小的程度;而在作动态测量时,电荷可以不断补充,从而供给测量电路一定的电流,故压电式传感器适宜作动态测量。

2.6.3 压电元件常用的结构形式

在实际使用中,如仅用单片压电元件工作的话,要产生足够的表面电荷就要很大的作用力,因此一般采用两片或两片以上压电元件组合在一起使用。由于压电元件是有极性的,因此连接方法有两种:并联连接和串联连接,如图 2-30 所示。

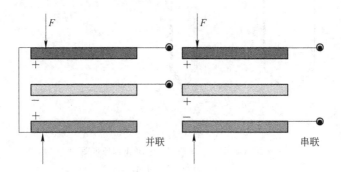

图 2-30 压电式传感器的并联与串联

压电元件并联连接是两压电元件的负极集中在中间极板上,正极在上下两边并连接在一起,此时电容量大,输出电荷量大,适用于测量缓变信号和以电荷为输出的场合。

压电元件是上极板为正极,下极板为负极,在中间是一元件的负极与另一元件的正极相连接,此时传感器本身电容小,输出电压大,适用于要求以电压为输出的场合,并要求测量电路有高的输入阻抗。

2.7　磁电式传感器

磁电式传感器是把非电量转换成感应电势而输出。若以线圈相对磁场运动的速度 v 或角速度 ω 表示,则所产生的感应电动势 e 为

$$
\left.
\begin{aligned}
e &= -NBlv \\
e &= -NBS\omega
\end{aligned}
\right\}
\tag{2-54}
$$

式中　l——每匝线圈的平均长度;

　　　B——线圈所在磁场的磁感应强度;

　　　S——每匝线圈的平均截面积。

在传感器中当结构参数确定后,B、l、N、S 均为定值,感应电动势 e 与线圈相对磁场的运动速度(v 或 ω)成正比,所以这类传感器的基本形式是速度传感器,能直接测量线速度或角速度。如果在其测量电路中接入积分电路或微分电路,那么还可以用来测量位移或加速度。但由上述工作原理可知,磁电感应式传感器只适用于动态测量。变磁通式传感器对环境条件要求不高,能在 $-150\sim+90℃$ 的温度下工作,不影响测量精度,也能在油、水雾、灰尘等条件下工作。但它的工作频率下限较高,约为 50 Hz,上限可达 100 Hz。

2.8　热电偶式传感器

热电偶式传感器是把热参量(温度)转换成电量。热电偶测温的工作原理是基于热电效应,即两种不同温度的金属线(A、B)在 1 和 2 两端(接点)连接起来构成一闭合电路,如图 2-31(a),如果两接点温度不同,就会产生热电势,其数值等于两接点的接触电势之差,即:

$$
E_{AB} = e_{AB}(t) - e_{AB}(t_0)
\tag{2-55}
$$

导线两端产生的接触电势 $e_{AB}(t)$ 和 $e_{AB}(t_0)$ 只与该两端的温度有关,即 $e = f(t)$,其关系靠实验确定。要测量热电势必须在线路内接一电气测量仪表,图 2-31(b)所示。

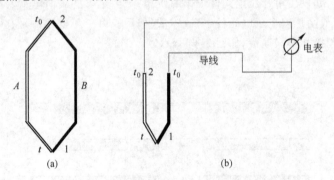

图 2-31　热电偶的工作原理图

(a) 热电偶闭合电路图;(b) 热电偶原理图

1—测量端;2—自由端

实践与理论证明,把某一导线接入热电偶中,如果保证该导线两端温度相同,则热电势不变,接入连接导线后,其热电势不改变还是式(2-55)的关系。

一般,把放在待测物中的接点 1 叫测量端(热端)而放在低温物质中的接点 2 叫自由端(冷

端)由式(2-55)知,热电偶产生电势与测量端和自由端的温度都有关,只有当自由端的温度保持不变式(2-56)中的第二项为常数 C 时,热电偶的热电势才是测量温度的函数。即:

$$E_{AB} = e_{AB}(t) - C = f(t) \tag{2-56}$$

这样,热电偶的热电势仅与测量端的温度有关。其关系都是有实验作出。因此,只要设法测出其热电势就可以测出其温度。

常用的热电偶有铂-铑、铬镍合金-铝镍合金、铬镍合金-考铜等。铂-铑热电偶是由贵金属制成,长时间使用可测量到 1300℃,短时间可测量到 1500℃;其特点是热电势小。但其热电势稳定性好。铬镍合金-铝镍合金简称为铬铝热电偶,长时间使用温度上限为 900℃,短时间为 1100℃,其热电势较大。铬镍合金-考铜热电偶,长时间使用可测到 600℃,短时间可测到 800℃,其热电势也较大。

2.9 光电式传感器

2.9.1 光电效应及光电器件

光电传感器是将光量转换为电量。光电器件的物理基础是光电效应。

2.9.1.1 外光电效应

在光线作用下,物质内的电子逸出物体表面向外发射的现象,称为外光电效应。光电子逸出时所具有的初始动能 E_k 与光的频率有关,频率高则动能大。

由于不同材料具有不同的逸出功,因此对某种材料而言便有一个频率限,当入射光的频率低于此频率限时,不论光强多大,也不能激发出电子;反之,当入射光的频率高于此极限频率时,即使光线微弱也会有光电子发射出来,这个频率限称为"红限频率"。

基于外光电效应的光电器件属于光电发射型器件,有光电管、光电倍增管等。光电管有真空光电管和充气光电管。

2.9.1.2 内光电效应

受光照物体(通常为半导体材料)电导率发生变化或产生光电动势的效应称为内光电效应。内光电效应按其工作原理分为两种:光电导效应和光生伏特效应。

A 光电导效应

半导体材料受到光照时会产生电子-空穴对,使其导电性能增强,光线愈强,阻值愈低,这种光照后电阻率发生变化的现象,称为光电导效应。基于这种效应的光电器件有光敏电阻(光电导型)和反向工作的光敏二极管、光敏三极管(光电导结型)。

B 光生伏特效应

光生伏特效应是指半导体材料 P-N 结受到光照后产生一定方向的电动势的效应。因此光生伏特型光电器件是自发电式的,属有源器件。以可见光作光源的光电池是常用的光生伏特型器件,硒和硅是光电池常用的材料,也可以使用锗。

2.9.2 光电式传感器的形式

光电式传感器是以光电器件作为转换元件的传感器。首先把被测量的变化转换成光信号的变化,然后通过光电转换元件变换成电信号。按其接收状态可分为模拟式光电传感器和脉冲光电传感器。

2.9.2.1　模拟式光电传感器

模拟式光电传感器的工作原理是基于光电元件的光电特性,其光通量是随被测量而变,光电流就成为被测量的函数,故又称为光电传感器的函数运用状态光电传感器。这一类光电传感器有如下几种工作方式。

A　吸收式

被测物体位于恒定光源与光电元件之间,根据被测物对光的吸收程度或对其谱线的选择来测定被测参数。如测量液体、气体的透明度、浑浊度,对气体进行成分分析,测定液体中某种物质的含量等。

B　反射式

恒定光源发出的光投射到被测物体上,被测物体把部分光通量反射到光电元件上,根据反射的光通量多少测定被测物表面状态和性质。例如测量零件的表面粗糙度、表面缺陷、表面位移等。

C　遮光式

被测物体位于恒定光源与光电元件之间,光源发出的光通量经被测物遮去其一部分,使作用在光电元件上的光通量减弱,减弱的程度与被测物在光学通路中的位置有关。利用这一原理可以测量长度、厚度、线位移、角位移、振动等。

D　辐射式

被测物体本身就是辐射源,它可以直接照射在光电元件上,也可以经过一定的光路后作用在光电元件上。光电高温计、比色高温计、红外侦察和红外遥感等均属于这一类。这种方式也可以用于防火报警和构成光照度计等。

2.9.2.2　脉冲式光电传感器

脉冲式光电传感器的作用方式是光电元件的输出仅有两种稳定状态,也就是"通"、"断"的开关状态,所以也称为光电元件的开关运用状态。这类传感器要求光电元件灵敏度高,而对光电特性的线性要求不高。主要用于零件或产品的自动计数、光控开关、电子计算机的光电输入设备、光电编码器及光电报警装置等方面。

2.10　霍尔元件传感器

金属或半导体薄片置于磁场中,当有电流流过时,在垂直于电流和磁场的方向上将产生电动势,这种物理现象称为霍尔效应,如图 2-32 所示。

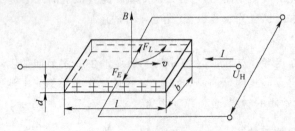

图 2-32　霍尔效应原理图

霍尔电势可用下式表示:

$$U_H = R_H \frac{IB}{d} = k_H IB$$

　　基于霍尔效应工作的半导体器件称为霍尔元件,霍尔元件多采用 N 型半导体材料。霍尔元件越薄(d 越小),k_H 就越大,薄膜霍尔元件厚度只有 1 μm 左右。

　　霍尔元件传感器就是利用霍尔效应而制成的。当移动产生磁场的磁铁,或移动霍尔片时,就相当于改变磁感应强度 B,从而使霍尔电压改变,起到了将位移量转换成电压量的作用。一般根据该原理来制造测力、测位移的传感器。

　　目前最常用的霍尔元件材料有锗(Ge)、硅(Si)、锑化铟(InSb)、砷化铟(InAs)等半导体材料。

2.11　激光式传感器

2.11.1　激光传感器简介

　　激光传感器是在 20 世纪 60 年代初问世的。由于其具有方向性强、亮度高、单色性好等特点,广泛用于工农业生产、国防军事、医疗卫生、科学研究等方面,如用来测距、精密检测、定位等,还用作长度基准和光频基准。

　　激光传感器一般是由激光器、光学零件和光电器件所构成的,它能把被测物理量(如长度,流量,速度等)转换成光信号,然后应用光电转换器把光信号变成电信号,通过相应电路的过滤、放大、整流得到输出信号,从而算出被测量。

2.11.2　激光传感器应用

　　激光测距是激光最早的应用之一。1965 年前苏联利用激光测地球和月球之间距离(380103 km)误差只有 250 m。1969 年美国人登月后置反射镜于月面,也用激光测量地月之距,误差只有15 cm。

　　利用激光传输时间来测量距离的基本原理是通过测量激光往返目标所需时间来确定目标距离。其工作原理是传输时间激光传感器工作时,先由激光二极管对准目标发射激光脉冲。经目标反射后激光向各方向散射。部分散射光返回到传感器接收器,被光学系统接收后成像到雪崩光电二极管上。雪崩光电二极管是一种内部具有放大功能的光学传感器,因此它能检测极其微弱的光信号。记录并处理从光脉冲发出到返回被接收所经历的时间,即可测定目标距离。传输时间激光传感器必须极其精确地测定传输时间,因为光速太快。

　　传输时间激光距离传感器可用于其他技术无法应用的场合。例如,当目标很近时,计算来自目标反射光的普通光电传感器也能完成大量的精密位置检测任务。但是,当目标距离较远或目标颜色变化时,普通光电传感器就难以应付了。

2.11.3　激光传感器的发展前景

　　近年来,我国激光传感器技术取得了长足的进步,但同发达国家相比还有很大差距,高端的技术与产品仍然依赖进口。根据我国国情及国外技术发展趋势,智能化、微型化、低功耗、无线传输、便携式将成为新型传感器的发展方向。随着微电子技术、大规模集成电路技术、计算机技术达到成熟期,光电子技术进入发展中期,超导电子等新技术也将进入发展初期,使得世界传感器市场将保持 10% 的增长率。成为世界电子元器件领域增长最快的一个分支。

　　我国激光传感器市场发展前景良好,快速增长的电子信息产业对敏感元件和传感器有很大的需求量。目前我国传感器第一大用户为冶金工业,所需 100 多种专用高附加值传感器几乎全部依靠进口;化工行业对用于安全监测的传感器有较大需求;汽车工业在改善汽车的节能、环保、安全性和舒适性等方面也对传感器有较大需求。

2.12　CCD 图像传感器

CCD 图像传感器的主要部件是 CCD（Charge Coupled Device）电荷耦合器件，它是一种金属－氧化物－半导体结构的新型器件。其基本结构是一种密排的 MOS 电容器，能够存储由入射光在 CCD 像敏单元激发出的光信息电荷，并能在适当相序的时钟脉冲驱动下，把存储的电荷以电荷包的形式定向传输转移，实现自扫描，完成从光信号到电信号的转换。这种电信号通常是符合电视标准的视频信号，可在电视屏幕上复原成物体的可见光像，也可以将信号存储在磁带机内，或输入计算机，进行图像增强、识别、存储等处理。因此，CCD 器件是一种理想的摄像器件。

2.12.1　CCD 的主要特性

电荷耦合器件图像传感器 CCD（Charge Coupled Device），它使用一种高感光度的半导体材料制成，能把光线转变成电荷，通过模数转换器芯片转换成数字信号，数字信号经过压缩以后由相机内部的闪速存储器或内置硬盘卡保存，因而可以轻而易举地把数据传输给计算机，并借助于计算机的处理手段，根据需要和想象来修改图像。CCD 由许多感光单位组成，通常以百万像素为单位。当 CCD 表面受到光线照射时，每个感光单位会将电荷反映在组件上，所有的感光单位所产生的信号加在一起，就构成了一幅完整的画面。

CCD 与真空摄像管相比，固体摄像器件有如下特点。

（1）体积小、重量轻、耗电少、启动快、寿命长且可靠性高。

（2）光谱响应范围宽。一般的 CCD 器件可工作在 400～1100 nm 波长范围内，最大响应约在 900 nm。在紫外区，由于硅片自身的吸收，量子效率下降，但采用背部照射减薄的 CCD，工作波长极限可达 100 nm。

（3）灵敏度高。CCD 具有很高的单元光量子产率，正面照射的 CCD 的量子产率可达 20%，若采用背部照射减薄的 CCD，其单元量子产率高达 90% 以上。另外，CCD 的暗电流很小，检测噪声也很低。因此，即使在低照度下（10～21x），CCD 也能顺利完成光电转换和信号输出。

（4）动态响应范围宽。CCD 的动态响应范围在 4 个数量级以上最高可达 8 个数量级。

（5）可达很高的分辨率。可分辨最小尺寸 7 m；面阵器件已达 4096 像元，CCD 摄像机分辨率已超过 1000 线以上。

（6）易与微光像增强器级联耦合，能在低光条件下采集信号。

（7）抗过度曝光性能。过强的光会使光敏元饱和，但不会导致芯片毁坏。

基于以上特性，将 CCD 用于微光电视系统中，不仅可以提高系统终端显示图像的质量，而且可以利用计算机对图像进行增强、识别、存储等操作。

CCD 的优势在于成像质量好，但是由于制造工艺复杂，只有少数的厂商能够掌握，所以导致制造成本居高不下，特别是大型 CCD，价格非常高昂。在相同分辨率下，CMOS 价格比 CCD 便宜，但是 CMOS 器件产生的图像质量相比 CCD 来说要低一些。到目前为止，市面上绝大多数的消费级别以及高端数码相机都使用 CCD 作为感应器；CMOS 感应器则作为低端产品应用于一些摄像头上，若有哪家摄像头厂商生产的摄像头使用 CCD 感应器，厂商一定会不遗余力地以其作为卖点大肆宣传，甚至冠以"数码相机"之名。一时间，是否具有 CCD 感应器变成了人们判断数码相机档次的标准之一。

2.12.2　像增强器与 CCD 的耦合

现在，单独的 CCD 器件的灵敏度虽然可以在低照度环境下工作，但要将 CCD 单独应用于微光电视系统还不可能。因此,可以将微光像增强器与 CCD 进行耦合,让光子在到达 CCD 器件之前使光子先得到增益。微光像增强器与 CCD 有三种耦合方式:

(1) 光纤光锥耦合方式。光纤光锥也是一种光纤传像器件,一头大,一头小,利用纤维光学传像原理,可将微光管光纤面板荧光屏(通常,有效为 18、25 或 30 mm)输出的经增强的图像,耦合到 CCD 光敏面(对角线尺寸通常是 12.7 mm 和 16.9 mm)上,从而可达到微光摄像的目的。

这种耦合方式的优点是荧光屏光能的利用率较高,理想情况下,仅受限于光纤光锥的漫射透过率(≥60%)。缺点是需要带光纤面板输入窗的 CCD;对背照明模式 CCD 的光纤耦合,有离焦和 MTF 下降问题。此外,光纤面板、光锥和 CCD 均为若干个像素单元阵列的离散式成像元件,因而,三阵列间的几何对准损失和光纤元件本身的疵病对最终成像质量的影响等都是值得认真考虑并予严格对待的问题。

(2) 中继透镜耦合方式。采用中继透镜也可将微光管的输出图像耦合到 CCD 输入面上,其优点是调焦容易,成像清晰,对正面照明和背面照明的 CCD 均可适用;缺点是光能利用率低(≤10%),仪器尺寸稍大,系统杂光干扰问题需特殊考虑和处理。

(3) 电子轰击式 CCD,即 EBCCD 方式。以上前两种耦合方式的共同缺点是微光摄像的总体光量子探测效率及亮度增益损失较大,加之荧光屏发光过程中的附加噪声,使系统的信噪比特性不甚理想。为此,人们发明了电子轰击 CCD(EBCCD),即把 CCD 做在微光管中,代替原有的荧光屏,在额定工作电压下,来自光阴极的(光)电子直接轰击 CCD。实验表明,每 3.5 eV 的电子即可在 CCD 势阱中产生一个电子 - 空穴对;10 kV 工作电压下,增益达 2857 倍。如果采用缩小倍率电子光学倒像管(例如倍率 $m = 0.33$),则可进一步获得 10 倍的附加增益,即 EBCCD 的光子 - 电荷增益可达 104 以上。而且,精心设计、加工、装调的电子光学系统,可以获得较前两种耦合方式更高的 MTF 和分辨率特性,无荧光屏附加噪声。因此如果选用噪声较低的 DFGA-CCD 并入 $m = 0.33$ 的缩小倍率倒像管中,可望实现景物照度≤2,10~71x 光量子噪声受限条件下的微光电视摄像。

微光电视系统的核心部件是像增强器与 CCD 器件的耦合。中继透镜耦合方式的耦合效率低,较少采用。光纤光锥耦合方式适用于小成像面 CCD。

耦合 CCD 器件的性能由像增强器和 CCD 两者决定,光谱响应和信噪比取决于前者,暗电流、惰性和分辨率取决于后者,灵敏度则与两者有关。

2.12.3 CCD 图像传感器的发展趋势

从微光成像的要求考虑,最主要的是要提高器件的信噪比。为此应降低器件噪声(即减少噪声电子数)和提高信号处理能力(即增加信号电子的数量)。可以采用致冷 CCD 和电子轰击 CCD 两种方法。其主要目的是在输出信噪比为 1 时尽可能减少成像所需的光通量。

近 30 年,CCD 图像传感器的研究取得了惊人的进展,它已经从最初简单的 8 像元移位寄存器发展至具有数百万至上千万像元。随着观察距离的增加和要求在更低照度下进行观察,对微光电视系统的要求必将越来越高,因此必须研制新的高灵敏度、低噪声的摄像器件,CCD 图像传感器灵敏度高和低光照成像质量好的优点正好迎合了微光电视系统这一发展趋势。作为新一代微光成像器件,CCD 图像传感器在微光电视系统中发挥着关键的作用。

目前,CCD 图像传感器在许多领域内得到广泛应用。如航天技术、卫星技术、冶金生产的检测技术等。

思 考 题

2-1　传感器一般由哪几部分组成,传感器有哪些类型?

2-2　常用的电阻式传感器有几大主要类型?

2-3　电阻应变片的制作原理是什么,简述电阻应变片的粘贴工艺及步骤。

2-4　简述热敏电阻传感器、压敏电阻传感器、气敏电阻传感器和光敏电阻传感器的工作原理。

2-5　电容式传感器的工作原理是什么,电容传感器有哪些优缺点?

2-6　电感式传感器的工作原理是什么,电感式传感器有哪些类型?

2-7　压磁式传感器的工作原理是什么? 简述压磁式传感器的应用。

2-8　压电式传感器的工作原理是什么?

2-9　磁电式传感器的工作原理是什么?

2-10　热电偶式传感器的工作原理是什么,简述热电偶式传感器的应用。

2-11　光电式传感器的工作原理是什么,光电式传感器有哪些类型? 简述光电式传感器的应用。

2-12　霍尔元件传感器的工作原理是什么,目前霍尔元件最常用的材料有哪些?

2-13　激光式传感器的工作原理是什么,简述激光式传感器的应用。

2-14　CCD 图像传感器的工作原理是什么,简述 CCD 图像传感器的应用。

3 传感器的接口电路

传感器的接口电路对于传感器和检测系统是一个非常重要的连接环节,其性能直接影响到整个系统的测量精度和灵敏度。在实际应用中,传感器接口电路位于传感器和检测电路之间,起着信号处理与连接作用。传感器接口电路的选择是根据传感器的输出信号的特点及用途确定的,不同的传感器具有不同的输出信号,因此,传感器的接口电路可以是一个放大器,也可以是一个信号转换电路或别的电路。由于上述原因,本章仅对一些重要的接口电路加以介绍。

3.1 传感器的信号处理

3.1.1 传感器输出信号的特点

由于传感器种类繁多,传感器的输出形式也多种多样。例如,尽管同是温度传感器,热电偶随温度变化输出的是不同的电压,热敏电阻则随温度的变化使其阻抗发生变化,而双金属温度传感器则随温度变化的输出开关信号。传感器的一般输出形式如表 3-1 所示。

表 3-1 传感器一般输出形式

输出形式	输出变化量	传感器形式
开关信号	机械触点	双金属温度传感器
	电子开关	霍尔开关式集成传感器
模拟信号	电 压	热电偶、磁敏元件、气敏元件
	电 流	光敏二极管
	阻 抗	热敏电阻
	电 容	电容式传感器
	电 感	电感式传感器
其他类型	频 率	谐振式传感器

传感器的输出信号,一般比较微弱,有的传感器输出电压最小仅有 $0.1\ \mu V$。传感器的输出阻抗都比较高,这样就会使传感器信号输入到测量电路时,产生较大的信号衰减。传感器的动态范围很宽。传感器的输出随着输入物理量的变化而变化,但它们之间的关系不一定是线性比例关系。例如,热敏电阻的阻抗随温度按指数函数而变化。传感器的输出量会受温度的影响,有温度系数存在。

3.1.2 传感器信号的处理方法

根据传感器输出信号的特点,采取不同的信号处理方法来提高测量系统的测量精度和线性度,这正是传感器信号处理的主要目的。传感器在测量过程中常掺杂有许多噪声信号,它会直接影响测量系统的精度。因此,抑制噪声也是传感器信号处理的重要内容。

传感器的信号处理与传感器的接口是互相关联的,往往要将传感器接口电路设计成具有一定信号预处理的功能,经预处理的信号使其成为可供测量、控制及便于向微机输入信号的形式。接口电路对不同的传感器是完全不同的,其典型的应用接口电路,如表 3-2 所示。

表 3-2　典型的应用接口电路

接 口 电 路	信号预处理的功能
阻抗变换电路	在传感器输出为高阻抗的情况下,变换为低阻抗,以便于检测电路准确地拾取传感器输出信号
放大电路	将微弱的传感器输出信号放大
电流电压转换电路	将传感器的电流输出转换成电压
电桥电路	把传感器的电阻、电容、电感变化转换成电流或电压
频率电压转换器	把传感器输出的频率信号转换成电流或电压
电荷放大器	将电场型传感器输出产生的电荷转换成电压
有效值转换电路	在传感器为交流输出的情况下,转为有效值,变为交流输出
滤波电路	通过低通及带通滤波器消除传感器的噪声成分
线性化电路	在传感器的特性不是线性的情况下,用来进行线性校正
对数压缩电路	当传感器输出信号的动态范围较宽时,用对数电路进行压缩

3.1.3　传感器与检测电路的一般结构形式

在非电量的检测技术中,有许多检测只要求对被测量进行某一定值的判断,当达到确定值时,检测系统应输出控制信号。在这种情况下,大多数使用开关型传感器,利用其开关功能,作为直接控制面件使用。使用开关型传感器的检测系统比较简单,可以直接使用开关信号驱动执行电路,使控制电路和报警电路工作,如图 3-1 所示。

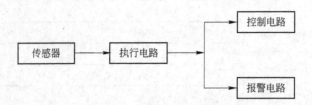

图 3-1　开关型传感器控制系统

在定值判断的检测系统中,由于检测对象的原因,也使用具有模拟输出特性的传感器。在这种情况下往往要先由接口电路进行信号的预处理,再经放大,然后使用比较器将传感器输出信号与设置的比较电平相比较。当传感器输出信号达到设置的比较电平时,比较器输出状态将发生变化,由原来的低电平信号转为高电平输出,驱动执行电路,使控制电路及报警电路工作,如图 3-2 所示。当检查系统要获得某一范围的连续信息时,必须使用模拟输出型传感器。传感器的输出信号经接口电路的预处理后,再经放大器放大,然后由数字式电压表将检测结果直接显示出来,如图 3-3 所示。

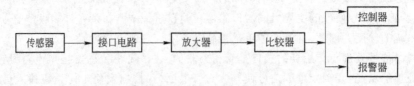

图 3-2　模拟输出型传感器控制系统框图

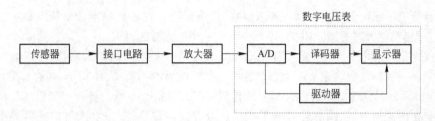

图 3-3 模拟输出型传感器检测系统框图

数字电压表一般由 A/D 转换器、译码器、驱动器及数字显示器组成,它能以电压形式显示出来被测物理量,例如,温度、转速、位移量等。接口电路则根据传感器的输出特点进行选择。

3.2 阻抗匹配器

传感器的输出阻抗都比较高,为防止信号的衰减,常常采用高输入阻抗的阻抗匹配器作为传感器输入到测量系统的前置电路。常见的阻抗匹配器有半导体管阻抗匹配器、场效应管阻抗匹配器及运算放大器阻抗匹配器。

图 3-4(a)是半导体管阻抗匹配器,它实际上是一个半导体管共集电极电路,又称为射极输出器。射极输出器的输出相位与输入相位相同,其电压放大倍数小于 1,电流放大倍数大,从几十倍到几百倍。当发射极电阻为 R_e 时,射极输出器的输入阻抗 $R_i = \beta \cdot R_e$。因此射极输出器的输入阻抗高,输出阻抗低,带负载能力强,常用来做阻抗变换电路或前后极隔离电路使用。

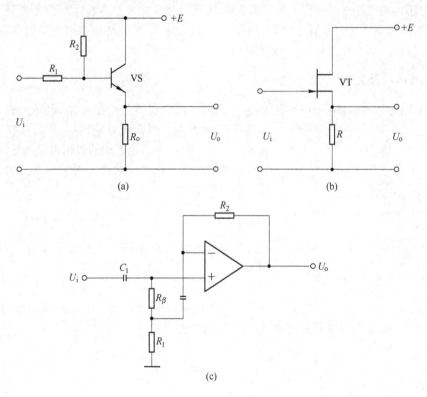

图 3-4 阻抗匹配器

(a) 半导体阻抗匹配器;(b) 场效应管阻抗匹配器;(c) 运算放大器组成的阻抗匹配器

半导体管阻抗匹配器量有较高的输入阻抗,但由于受偏置电阻和本身基极及集电极间电阻的影响,不可能获得太高的输入阻抗,还无法满足一些传感器的要求。

场效应管是一种电平驱动元件,栅漏极间电流很小,具有更高的输入阻抗,图 3-4(b)所示电路就是常见的一种场效应管阻抗匹配器。这种阻抗匹配器结构简单,体积小,其输入阻抗可高达 10^{12} Ω 以上。因此场效应管阻抗匹配器常用作前置极的阻抗变换器。场效应管阻抗匹配器有时还直接安装在传感器内,以减少外界的干扰。在电容式声传感器、压电式等传感器等得到广泛应用。

除上述两种阻抗匹配器外,还可以使用运算放大器组成阻抗匹配器,如图 3-4(c)所示。这种阻抗匹配器常用做与传感器接口的前置放大器,此时运算放大器的放大倍数 A 和阻抗可由下式计算,即

$$A = \frac{U_o}{U_i} = 1 + \frac{R_2}{R_1} \tag{3-1}$$

$$R_i = \frac{R_1 \cdot R_\beta}{R_2} \tag{3-2}$$

3.3 电桥电路

电桥电路是传感器接口电路中经常使用的电路,是要用来把传感器的电阻、电容、电感变化转换为电压或电流信号。根据电桥供电电源不同,电桥可分为直流电桥和交流电桥。直流电桥主要用于电阻式传感器,例如热电阻、电位器等。交流电桥主要用于测量电容式传感器和电感器的变化。电阻应变式传感器大都采用交流电桥,这是因为应变片的电桥输出信号微弱需经放大器进行放大,而使用直流放大器容易产生零点漂移。此外,应变片与桥路之间采用电缆连接,其引线分布电容的影响不可忽略,使用交流电桥将会消除这些影响。

3.3.1 直流电桥及其特性

直流电桥的基本电路如图3-5所示。它是由直流电源供电的电桥电路,电阻构成电桥式电路的桥臂,桥路的一对角线是输出端,一般接有高输入阻抗的放大器,因此,可以把电桥的输出端看成是开路,电路不受负载的影响。在电桥的另一对角接点上加有直流电压。电桥的输出电压可由下式给出

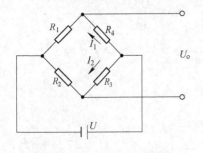

图 3-5   直流电桥的基本电路

$$U_o = U \frac{(R_2 R_4 - R_1 R_3)}{(R_1 + R_4)(R_2 + R_3)}$$

当电桥输出电压为零时,电桥处于平衡状态,由上式可知

$$R_2 R_4 = R_1 R_3$$

当电桥四个臂的电阻发生变化时而产生增量 ΔR_1、ΔR_2、ΔR_3、ΔR_4 时,电桥的平衡被打破,电桥此时的输出电压为

$$U_o = \frac{R_1 R_4 U}{(R_1 + R_4)^2} \left(\frac{\Delta R_4}{R_4} - \frac{\Delta R_3}{R_3} + \frac{\Delta R_2}{R_2} - \frac{\Delta R_1}{R_1} \right)$$

若取 $\alpha = \dfrac{R_4}{R_1} = \dfrac{R_3}{R_2}$ 时, 则

$$U_o = \frac{\alpha U}{(1+\alpha)^2}\left(\frac{\Delta R_4}{R_4} - \frac{\Delta R_3}{R_3} + \frac{\Delta R_2}{R_2} - \frac{\Delta R_1}{R_1}\right) \tag{3-3}$$

当 $\alpha = 1$ 时输出灵敏度最大,此时

$$U_o = \frac{U}{4}\left(\frac{\Delta R_4}{R_4} - \frac{\Delta R_3}{R_3} + \frac{\Delta R_2}{R_2} - \frac{\Delta R_1}{R_1}\right) \tag{3-4}$$

如果 $R_1 = R_2 = R_3 = R_4$ 时,则电桥电路被称为四等臂电桥,此时输出灵敏度最高,而非线性误差最小,因此传感器的实际测量中多采用四等臂电桥。

直流电桥在应用中常出现误差,消除误差通常采用补偿法,其中包括零点平衡补偿、温度补偿和非线性补偿等。

3.3.1.1 零点平衡补偿

图 3-6 给出了两种平衡补偿电路,图 3-6(a)为串联补偿、调节 R_P 使其达到平衡状态。图 3-6(b)为并联补偿,其中 R_5、R_6、R_P 的作用是供零点调节变得平稳。

3.3.1.2 温度补偿

电桥的温度补偿一般采用热敏电阻并联补偿方法,如图 3-7 所示。其中 R_T 为热敏电阻,r_1 和 r_2 为温度系数较小的电阻。r_2 的阻值为

$$r_2 = \frac{r_1 R_T}{R_T + r_1} \tag{3-5}$$

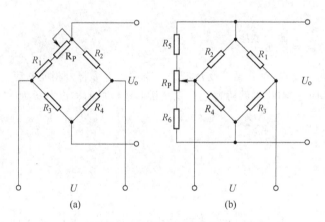

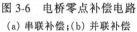

图 3-6 电桥零点补偿电路

(a) 串联补偿;(b) 并联补偿

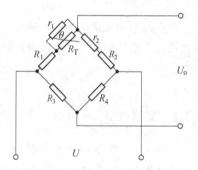

图 3-7 热敏电阻温度补偿电路

3.3.1.3 非线性补偿

电桥的相对非线性误差可用下式来确定,即

$$\gamma_U = \frac{U_o - U_{ol}}{U_{ol}} \times 100\% \tag{3-6}$$

式中 U_o——电桥实际输出电压;

$\quad\quad U_{ol}$——电桥理想输出电压。

当电桥的相对非线性误差满足不了测试要求时,必须予以消除。通常采用差动电桥来消除非线性误差。图 3-8 给出了应变片式传感器差动电桥,图 3-8(a)为半桥差动电桥,图 3-8(b)为全桥差动电桥。

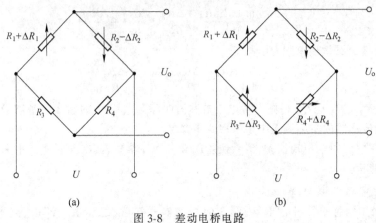

(a)　　　　　　　　　　　　　　　　　(b)

图 3-8　差动电桥电路

(a) 半桥差动电桥;(b) 全桥差动电桥

半桥差动电桥中的两个应变片在传感器受力时,一个受拉应力,一个受压应力,它们的阻值变化大小相等,符号相反,在电路中,它们接在电桥的相邻桥臂内,这种桥路的结构是传感器常用的桥路形式,它的输出电压为

若电桥初始是平衡的,则 $\dfrac{R_1}{R_2} = \dfrac{R_3}{R_4}$ 成立,在对称情况下,$R_1 = R_2$,$R_3 = R_4$ 而 ΔR_1、ΔR_2 则输出电压可简化为

$$U_{\mathrm{o}} = \frac{1}{2}\, U\, \frac{\Delta R_1}{R_1}$$

在全桥差动电路中的四个应变片,两个受拉应力,两个受压应力。将两个变形符号相同的应变片接在电桥的相对的桥臂上,符号相同的接在相邻的桥臂上。则全桥差动电桥的输出电压为

$$U_{\mathrm{o}} = U\, \frac{\Delta R_1}{R_1} \tag{3-7}$$

3.3.2　交流电桥

3.3.2.1　电容式传感器配用的交流电桥

图 3-9 为电容式传感器配用的两种交流式电路。图 3-9(a) 为单臂接法的桥路,其中 C_1、C_2、C_3、C_x 为电桥的四个桥臂,C_x 为电容式传感器的电容输出值。交流电源经变压器 T 接到桥路的对角线上,从桥路的另一对角线输出电压为 U_{o}。当电容式传感器输入的被测物理量 $x = 0$ 时,输出 $C_x = C_0$,交流电桥平衡,此时

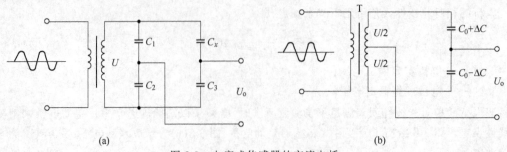

(a)　　　　　　　　　　　　　　　　　(b)

图 3-9　电容式传感器的交流电桥

(a) 单臂接入传感器的交流电桥;(b) 差动式交流电桥

$$\frac{C_1}{C_2} = \frac{C_0}{C_x}, U_o = 0 \tag{3-8}$$

而当 $x \neq 0$ 时,传感器输出为 $C_x = C_0 + \Delta C$,交流电桥失去平衡,$U_o \neq 0$,则可按电桥输出电压的大小来测量被测物理量 x。

图 3-9(b)为差动式交流电桥电路,由变压器 T 的次级绕组和差动式电容传感器组成,其空载时的输出电压为

$$U_o = \frac{C_0 + \Delta C}{(C_0 + \Delta C) - (C_0 - \Delta C)} U - \frac{L}{2L} U = \frac{1}{2} \frac{\Delta C}{C_0} U \tag{3-9}$$

式中　U——变压器次级总电压量;

　　C_0——电容式传感器的初始电容;

　　ΔC——电容式传感器的输出电容的变化;

　　$2L$——变压器次级绕组等效电感。

3.3.2.2　感应式传感器配用的交流电桥

图 3-10 所示为电感式传感器配用的电桥电路。其中 Z_1 和 Z_2 为螺管式差动传感器两个线圈的阻抗,另外两个桥臂为变压器次级绕组。因为电桥有两桥臂为传感器的差动阻抗,所以这种桥路又称差动交流电桥,它常用于电感式测微仪传感器的接口电路。

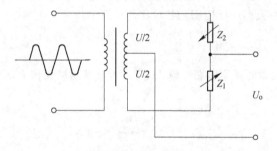

图 3-10　电感式传感器配用的交流电桥

当差动电感式传感器在初始状态时,两线圈电感相等,阻抗 $Z_1 = Z_2$,此时电桥处于平衡状态,电桥在这种条件下的输出电压 $U_o = 0$。当差动式电感器进行测量时,有一个线圈的阻抗增加,另一个线圈的阻抗减小,假定 $Z_1 = Z_0 + \Delta Z$,$Z_2 = Z_0 - \Delta Z$,则电桥的输出电压为

$$U_o = \left(\frac{Z_0 + \Delta Z}{2Z_0} - \frac{1}{2} \right) U = \frac{\Delta Z}{2Z_0} U$$

假如 $Z_1 = Z_0 - \Delta Z$,$Z_2 = Z_0 + \Delta Z$,则电桥的输出电压

$$U_o = -\frac{\Delta Z}{2Z_0} U \tag{3-10}$$

3.4　放大电路

传感器的输出信号一般比较微弱,因而在大多数情况下都需要放大电路。放大电路主要用来将传感器输出的直流信号或交流信号进行放大处理,为检测系统提供高精度的模拟输入信号,它对检测系统的精度起着关键作用。

目前检测系统中的放大电路,除特殊情况外,都采用运算放大器构成放大电路。

3.4.1 反相放大器

图 3-11 是反相放大器的基本电路。输入电压 U_i 通过电阻 R_i 加到反相输入端,其同相端接地,而输出端电压 U_o 通过电阻 R_F 反馈到反相输入端。

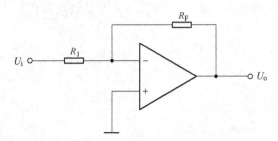

图 3-11 反相放大器的基本电路

反相放大器的输出电压,可由下式确定,即

$$U_o = - \frac{R_F}{R_i} U_i \tag{3-11}$$

式中的负号表示输出电压与输入电压反相,其放大倍数只取决于 R_F 与 R_i 的比值,具有很大的灵活性,因此反相放大器广泛应用于各种比例运算中。

3.4.2 同相放大器

图 3-12 是同相放大器的基本电路。输入电压 U_i 直接从同相输入端加入,而输出端电压 U_o 通过 R_F 反馈到反相输入端。

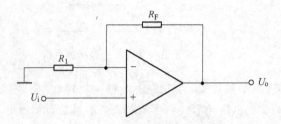

图 3-12 同相放大器的基本电路

同相放大器的输出电压,可由下式确定,即

$$U_o = \frac{R_i + R_F}{R_i} U_i = \left(1 + \frac{R_F}{R_i} \right) U_i \tag{3-12}$$

从上式可以看出,同相放大器的增益也同样取决于 R_F 与 R_i 的比值,这个数值为正,说明输出电压与输入电压同相,而且其绝对值也比反相放大器多 1。

3.4.3 差动放大器

图 3-13 是差动放大器的基本电路。两个输入信号 U_1 和 U_2 分别经 R_1 和 R_2 输入到运算器放大器的反相输入端和同相输入端,输出电压则经 R_F 反馈到反相输入端。

电路中要求 $R_1 = R_2$、$R_F = R_3$ 差动放大器的输出电压,可由下式确定,即

$$U_o = \frac{R_F}{R_i} (U_2 - U_1) \tag{3-13}$$

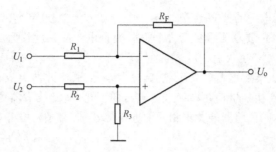

图 3-13 差动放大器的基本电路

差动放大器最突出的优点是能够抑制共模信号。共模信号是指在两个输入端所加的大小相等,极性相同的信号,理想的差动放大器对共模输入信号的放大倍数为零。在差动放大器中温度的变化和电源电压的波动,都相当于共模信号,因此能被差动放大器所抑制,可是差动放大器零点漂移最小,来自外部空间的电磁波干扰也属于共模信号,它们也会被差动放大器所抑制,所以说差动放大器的抗干扰能力极强。

3.4.4 电荷放大器

利用压电式传感器进行测量时,压电元件的输出信号是电荷量的变化,配上适当的电容后,它的输出电压可高达几十伏到上百伏,但信号功率却很小,信号源的内阻也很大。

为此,要在压电元件和检测电路之间配接一个放大器,放大器应具有输入阻抗高、输出阻抗低的特点。目前用的较多的是电荷放大器。电荷放大器是一种带电容负反馈的高输入阻抗、高放大倍数的运算放大器,其优点在于可避免传输电缆分布电容的影响。

图 3-14 是一种用于压电传感器的电荷放大器的等效电路。

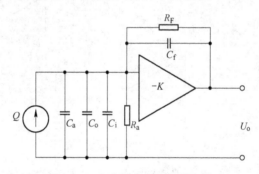

图 3-14 电荷放大器的等效电路

图 3-14 中 K 为运算放大器开环差模放大倍数,C_f 为反馈电容,R_F 为反馈电阻,C_a 为压电传感器等效电容,C_o 为电缆分布电容,R_a 为压电传感器的等效电阻,C_i 为电荷放大器的输入电容。如果忽略较高的输入电阻后,电荷放大器的输出电压可由下式表达,即

$$U_o = \frac{-QK}{C_a + C_o + C_i + (1+K)C_f} \tag{3-14}$$

由于 K 值很大,故 $(1+K)C_f \gg C_a + C_o + C_i$ 则上式可简化为

$$U_o = \frac{-QK}{(1+K)C_f} \approx \frac{Q}{C_f} \tag{3-15}$$

从上式可以看出,电荷放大器输出电压 U_o 只与电荷 Q 和反馈电容有关,而与传输电缆的分布电容无关,说明电荷放大器的输出不受传输电缆长度的影响,为远距离测量提供了方便条件。

但是,测量精度却与配接电缆的分布电容 C_o 有关。例如 $C_f = 1000\ \text{pF}$, $K = 10^4$、$C_a = 100\ \text{pF}$,电缆分布电容如果为 100 pF 时,要求测量精度为 1% 时,允许电缆的长度约为 1000 m。当要求测量精度为 0.1%,则允许电缆的长度仅为 100 m。

实际使用的电荷放大器由电荷转换级、适调放大级、低通滤波器组成,如图 3-15 所示。其中电荷转换级将压电元件产生的电荷量转换成为电压的变化,适调放大器可对不同灵敏度的传感器进行适当的补偿,使不同传感器能输出相同的电压信号,低通滤波器可对系统的截止频率进行调节。

图 3-15　电荷放大器框图

3.4.5　传感器与放大电路配接的示例

3.4.5.1　应变片电桥的配接放大电路

图 3-16 是应变片测量电桥与配接的放大电路。其中应变式传感器作为电桥的一个臂,在电桥的输出端接入一个阻抗高、共模抑制作用好的放大电路。当被测物理量引起应变片阻值的变化时,电桥的输出电压也随之改变,以实现被测物理量和电压之间的转换。在一般情况下,电桥的输出电压毫伏数量级,因此必须加接放大电路。

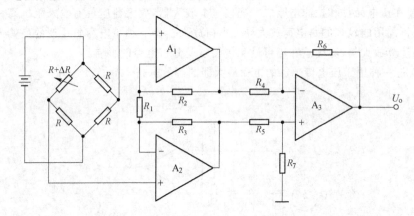

图 3-16　应变片配接的放大电路

A_1 和 A_2 是两个同相放大器,A_1 为差动放大器。当放大电路输入电桥产生的检测信号经 A_1 和 A_2 放大后,它们的输出电压将作为差动输入信号给 A_3 进行放大。放大电路的输出电压为

$$U_o = \left[-\frac{R_6}{R_4}\left(1 + \frac{2R_2}{R_1}\right) \right] U_m \tag{3-16}$$

应该指出,A_3 差动放大器中的四个电阻精度要求很高,否则将会产生一定的测量误差。在实际应用中,常在 R_7 支路中串联一个电位器,通过调节电位器,可在 A_1 和 A_2 输出相等时,输出电压 U_o 为零。此外,在实际中,电桥电路和放大电路之间往往用电缆进行连接,此时应采取一定的抗干扰措施,使干扰信号得到抑制。

3.4.5.2　PN 结温度传感器配接的放大电路

图 3-17 PN 结温度传感器配接的放大电路。传感器使用硅半导体三极管,基本上为衡流,其中 PN 结温度特性为 $-2.2\ \text{mV}/\text{℃}$。放大电路中的电位器 RP_1 和 R_3 用来调节输出电压与温度

的对应关系,RP$_2$ 和 R_4 用来调节放大倍数。

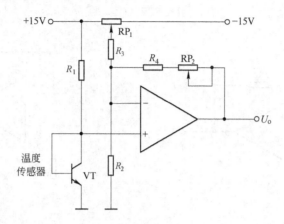

图 3-17 PN 结温度传感器配接的放大电路

3.4.5.3 热电偶传感器配接的放大电路

图 3-18 是热电偶传感器配接的放大电路。其中热电偶产生的电动势为放大电路的输入信号。

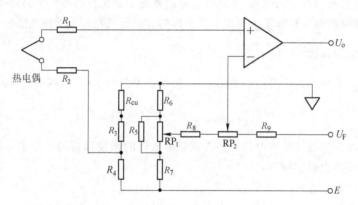

图 3-18 热电偶传感器配接的放大电路

U_F 为其他电路引入的反馈电压,E 为稳定度较高的电源。调节电路中电位器 RP$_1$ 可以改变电桥的不平衡程度,以改变测试仪表的零点;调节 RP$_2$ 可以改变反馈深度,因此可以改变测量量程的范围。R_{cu} 是铜线绕制的电阻,利用它的阻值随温度变化来补偿冷端电势的改变。

3.4.5.4 光敏二极管放大电路

图 3-19 是光敏二极管配接的放大电路。利用光敏二极管作为光电转换元件,配接运算放大器可得到较大的输出电压幅度。放大器接成反相放大器,其中光敏二极管 VD 代替了反相放大器基本电路中的 R_1(见图 3-11)。当有光照射光敏二极管产生电流 I_ϕ 放大器的输出电压为

$$U_o = I_\phi \cdot R_F \tag{3-17}$$

3.4.5.5 硅光电池配接的放大电路

图 3-20 是硅光电池配接的放大电路。硅光电池在短路时,其短路电流和光照近似为正比关系,为此可以将它接到放大电路的两个输入端之间。利用两端电位差接近于零的特点,可以得到

输出电压有如下的关系,即

$$U_\circ = 2I_\phi \cdot R_F \tag{3-18}$$

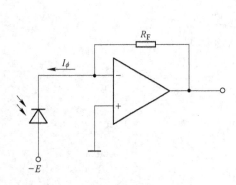

图 3-19　光敏二极管放大电路

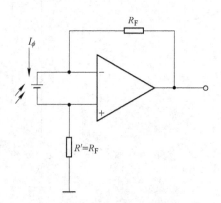

图 3-20　硅光电池放大电路

3.5　噪声的抑制

在非电量的检测及控制中,往往混入一些干扰的噪声信号,它们会使测量结果产生很大的误差,这些误差将导致控制程序的紊乱,从而造成控制系统中的执行机构产生误动作。因此在传感信号的处理中,噪声的抑制是非常重要的。噪声抑制也是传感器信号处理的重要内容之一。

3.5.1　噪声产生的原因

所谓噪声就是测量系统中混入的无用信号,按噪声声源的不同,噪声可分为内部噪声和外部噪声。

3.5.1.1　内部噪声

内部噪声是由传感器或检测电路元件内部带电微粒的无规则运动产生的。例如热噪声、散粒噪声以及接触不良引起的噪声。

3.5.1.2　外部噪声

外部噪声是由传感器检测系统外部人为或自然干扰造成的。外部噪声的来源主要为电磁辐射,当电机、开关及其他电子设备工作时会产生电磁辐射,雷电、大气电离及其他自然现象也会产生电磁辐射。在检测系统中由于元件之间或电路之间存在着分布电容或电磁场,因而容易产生寄生耦合现象,在寄生耦合的作用下,电场、磁场、电磁波就会引入检测系统,干扰电路的正常工作。

3.5.2　噪声的抑制方法

噪声的抑制方法主要有以下几种:

(1) 选用质量好的元器件。

(2) 屏蔽。屏蔽就是用低电阻材料或磁性材料将元件、传输导线、电路及组合件包围起来,以隔离内外电磁或电场的相互干扰。屏蔽可分为三种,即电场屏蔽、磁场屏蔽及电磁屏蔽。电场屏蔽主要用来防止元器件或电路间因分布电路耦合形成的干扰。磁场屏蔽主要用来消除元器件或电路之间因磁场寄生耦合而产生的干扰。磁场屏蔽的材料一般都选用高磁导系数的磁性材料。电磁屏蔽主要用来防止高频电磁场的干扰。电磁屏蔽的材料应选用导电率较高的材料,如铜、银等,利用电磁场在屏蔽金属内部产生涡流而起屏蔽作用。

电磁屏蔽的屏蔽体可以不接地,但一般为防止分布电容的影响,可以使电磁屏蔽的屏蔽体接地,起到兼有电场屏蔽的作用。电场屏蔽必须可靠接地。

(3)接地。电路或传感器中的接地指的是一个等电位点,它是电路或传感器的基准电位点,与基准电位点相连接,就是接地。传感器或电路接地,是为了清除电流流经公共地线阻抗时产生噪声电压,也可以避免受磁场或地电位差的影响。把接地和屏蔽正确结合起来使用,就可以抑制大部分噪声。

(4)隔离。当电路信号在两端接地时容易形成环路电流,引起噪声干扰。这时,常采用隔离的方法,把电路两端从电路上隔开。隔离的方法主要采用变压器隔离和光电耦合器隔离。

在两个电路之间加入隔离变压器可以切断环路,实现前后电路的隔离,变压器隔离只适用于交流电路。在直流或超低频测量中,常采用光电耦合的方法实现电路的隔离,如图 3-21 所示。

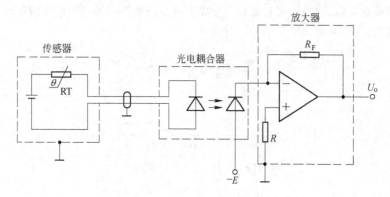

图 3-21 利用屏蔽及光电耦合抑制干扰

(5)滤波。虽然采取了上述的一些抗干扰措施,但仍会有一些噪声信号混杂在检测系统中,因此传感器接口电路还经常设置滤波电路,对由外界干扰引入的噪声信号加以滤除。

滤波电路或滤波器是一种能使某一种频率顺利通过而另一种频率受到较大衰减的装置。因传感器的输出信号大都是缓慢变化的,因而对传感器输出信号的滤波常采用有源低通滤波器,它只允许低频信号通过而不能通过高频信号。图 3-22 为一阶 RC 有源低通滤波电路,滤波电路接入运算放大器的同相输入端。这种滤波电路的滤波截止频率为

$$f_0 = \frac{1}{2\pi RC}$$

从理想的情况来看,当干扰信号频率 $f \geqslant f_0$ 时滤波电路的输出为零,但实际上这种电路输入比 f_0 高 10 倍的频率,幅度只下降 20%,滤波效果不够理想。图 3-23 为典型的二阶 RC 有源低通滤波电路,它由二极管 RC 滤波电路,其中将第一级的电容 C 接入到放大器的输出端。当 $f \leqslant f_0$ 时输出电压 U_o 和输入信号 U_i 的相位差在 90° 以内,则输出电压 U_o 通过电路中要求 $R_1 = R_2$、$R_F = R_3$ 差动放大器的输出电压,可由式(3-19)确定,即

$$U_o = \frac{R_F}{R_1}(U_2 - U_1) \tag{3-19}$$

C 将使 U_o 的幅度增强,从而提高了输出电压的幅度,而当 $f \gg f_0$ 时,输出电压 U_o 和 U_i 基本上是反相的,输出电压 U_o 通过 C 将使 U_i 的幅度下降,使干扰信号衰减。

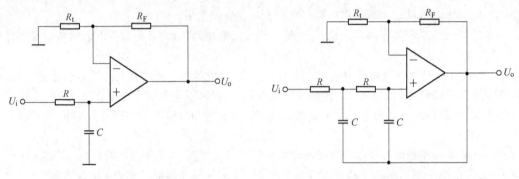

图 3-22　基本的低通滤波电路　　　　　　图 3-23　二阶 RC 有源低通滤波电路

有些传感器需用高通滤波器,它只允许高频信号通过,而不能通过低频信号。图 3-24 是一个典型的二阶高通有源滤波器,可以看出只要将低通滤波电路中的电阻电容的位置进行互换,即可成为高通滤波电路,对低频干扰信号进行衰减。

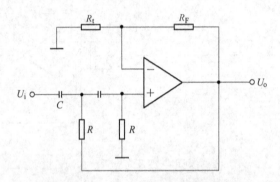

图 3-24　二阶 RC 有源高通滤波电路

除上述的滤波器外,有时还要使用带通滤波器和带阻滤波器。带通滤波器的作用是只允许某一个频带内的信号通过,而比通频带下限频率低和比上限频率高的信号被阻断,它常常用于从多种信号中获取所需要的信号,从而使干扰信号被滤除。带阻滤波器和带通滤波器相反,在规定的频带内,信号不能通过,而在其余频率范围,信号则能顺利通过。总之,由于不同检测系统的不同需要,应选用不同的滤波电路。

3.6　传感器与微机的连接

3.6.1　传感器与微型计算机结合的重要性

在现代技术中,传感器与微型计算机的结合,对信息处理、自动化及技术进步起着非常重要的作用。

3.6.1.1　促进自动化水平的提高

目前,在现代化生产过程中形形色色的传感器将生产现场的各种需要检测和控制的物理量传输给微型计算机,完成各种工业参数的检测、显示、分析记忆和控制。由于传感器和微型计算机的结合,使自动化仪表实现智能化,形成以智能化仪表为核心的工业检测与控制系统。从而使自动化水平得到不断提高。

3.6.1.2 有利于新产品的开发

在当代国际市场,高性能的产品和新材料不断涌现,这是由于检测新技术和微型机算机结合的结果。因此在新产品的开发中,首先要考虑的是如何应用传感器及微型计算机,它有利于开发出前所未有的高性能产品。

3.6.1.3 提高企业管理水平

由于微型计算机和传感器的结合,使得数据的检测、处理和统计更为准确、迅速,而且可进行过程的控制。这将使企业的生产技术的发展、产品质量、安全生产、节约人力和降低成本等许多方面实现科学管理,为企业增添活力。

3.6.1.4 为技术改造开辟新的领域

随着国民经济的发展,企业除增添新的设备外,还需对大量的旧设备进行改造。如果把传感器和微型计算机结合起来在技术改造中应用,就会为各种旧设备的智能化开拓出极其广阔的领域,让它们发挥更大的作用。

3.6.2 检测信号在输入微型计算机前的处理

传感技术和微型计算机技术是构成现代检测技术和控制系统不可缺少的两个方面。微型计算机对数据具有很强的处理能力,它可以对各种传感器的输出信号进行处理、分析和储存,然后将处理、分析的结果输出,用于驱动显示、记录设备以及反馈控制。虽然如此,在传感器将输出信号输入给计算机前仍要进行必要的信号处理。

3.6.2.1 接点开关型传感器

这类传感器的输出信号是由开关接点的通、断形成的,将这种信号输入给微型计算机是比较容易的,但要注意信号的抖动现象,如图 3-25 所示。

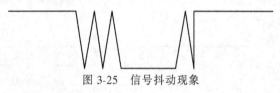

图 3-25 信号抖动现象

凡采用机械触点开关传感器基本都存在这个问题,开关种类不同及使用方法不同,抖动时间也不一样。不过与开关本身的动作相比,抖动时间是极短的。消除抖动对保证微型计算机正确处理和识别信号是非常重要的,消除抖动可以采用硬件处理或软件处理,通常抖动消除时间设定在几十毫秒就足够了。这种类型传感器与微机的输入电路如图 3-26 所示。

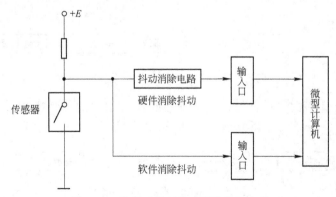

图 3-26 接点开关型传感器的输入电路

3.6.2.2　无接点开关型传感器

在无接点开关型传感器中,传感器输出的开关信号不存在抖动现象,也不是数字信号,而具有模拟输出特性。这时在微型计算机的输入电路中设置比较器,根据传感器输出与基准比较电平相比较的结果,来判断开关状态,然后将比较结果通过输入口输给微型机计算机,如图 3-27所示。

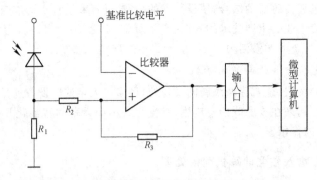

图 3-27　无接点开关型传感器的输入电路

3.6.2.3　模拟输出型传感器

模拟输出型传感器输出的是模拟信号,微型计算机是无法进行处理的,必须把传感器输出的模拟信号转换成数字量输入给计算机,由计算机对信号进行分析处理。模拟输出型传感器按其输出特性可分为电压输出变化型、电流输出变化型及阻抗输出变化型三种。

对于电压输出变化型和电流输出变化型的传感器,首先将传感器输出的模拟电压信号或电流信号进行处理,使它们转换成电平的模拟电压,再经 A/D 转换器转换成数字量,经输入口输入给微型计算机,如图 3-28 所示。

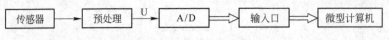

图 3-28　采用 A/D 转换器的输入电路

有时传感器和微型计算机之间的距离较远,为了提高传输信号干扰的能力和减少信号线的数目,传感器的输出信号经处理后,再经 V/F 转换器将模拟电压转换成频率变化的信号。由于频率变化信号也属于数字信号,因而可以不使用 A/D 转换器,经输入口输入给微型计算机,如图 3-29 所示。

图 3-29　采用 V/F 转换器的输入电路

对于阻抗变换型传感器,一般使用 LC 振荡器或 RC 振荡器将传感器的输出的阻抗变化转换成频率的变化,再经输入口输给微型计算机,如图 3-30 所示。

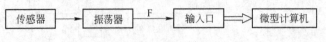

图 3-30　采用振荡器的输入电路

3.6.3 A/D 模数接口电路

A/D 模数接口电路的作用是将由传感器接口电路预处理过的模拟信号转换成适合计算机处理的数字信号,并输入给微型计算机。

A/D 模数接口电路是由 A/D 转换器承担的。A/D 转换器是集成在一块芯片上能完成模拟信号向数字信号转换的单元电路。A/D 转换的方法有多种,最常用的是直接型和间接型两种。

直接型又称比较型,它将模拟输入电压与基准电压比较后直接得到数字信号输出。间接型又称积分型,它先将模拟信号电压转换成时间间隔或频率信号,然后再把时间间隔或频率转换成数字信号输出。在进行 8 位转换时,比较型转换器的转换时间为 $10 \sim 30 \ \mu s$,而积分型转换器转换时间较慢,通常需要 $1 \sim 20 \ ms$。

选择 A/D 转换器时,需要考虑它的精度、转换时间和价格。比较型 A/D 转换器的转换速度快,但要实现高精度则价格比较高。积分型 A/D 转换器虽然转换时间比较长,但单价低,精度高,下面对这两种常用的转换器作简要的介绍。

3.6.3.1 比较型 A/D 转换器

比较型 A/D 转换器一般由比较器、D/A 数模转换器、时序电路和输出寄存器等组成,如图 3-31 所示。

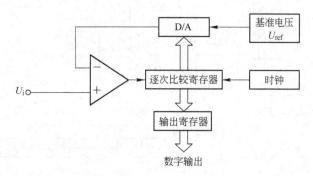

图 3-31 比较型 A/D 转换器原理

对于任一个输入电压 U_i,下式成立,即

$$U_i = U_{ref} \cdot N + \Delta$$

$$N = D_1 2^{-1} + D_2 2^{-2} + \Lambda + D_n 2^{-N} = \sum_{i=1}^{n} D_i \cdot 2^{-i} \qquad (3\text{-}20)$$

式中　　U_{ref}——基准电压;

　　　N——权电流之和;

　　　Δ——A/D 输出端量化值与输入端模拟电压之间的误差,称量化误差;

　　　D_i——第 i 位的系数值,其值为 0 或 1。

如果忽略量化误差,则 $D_1, D_2, \cdots, D_n$ 就是对应于输入电压 U_i 的数字量。

比较型 A/D 转换器采用 D/A 转换器模拟输出值与输入电压 U_i 进行比较,从逐次比较寄存器的最高位起顺次进行比较,以决定各位的值。若 U_i 大于 D/A 输出值时,则相应的 $D_i = 1$,而当 U_i 小于 D/A 输出值时,则相应的 $D_i = 0$。

从原理上讲,比较型 A/D 转换器的转换时间与模拟输入值无关,是恒定的。而且,数字输入也可以串行输出。比较型 A/D 转换器常用于要求中、高速转换的场合。

3.6.3.2　积分型 A/D 转换器

积分型 A/D 转换器是先将输入的模拟电压转换成相应的时间间隔,然后采用计数器测量间隔的时间。在积分型 A/D 转换方式中,有单积分、双积分和多级积分等形式,其中应用最多的是双积分方式,其线形和噪声消除特性好,而且价格低。

图 3-32 是双积分型 A/D 转换器的工作原理。这种转换器由零点校正期 ϕ_1、输出信号 ϕ_2 和基准电压积分期 ϕ_3 三个期间组成转换周期。首先,在 ϕ_1 期间内,开关 S_1 接通将转换器的输入端接地,将反馈环闭和,并电容器中储存误差信息,对元件的偏移电压等误差进行校正。在 ϕ_2 期间内开关 S_1 断开、S_2 接通,对输入电压进行积分,产生与输入电压成正比的积分器输出。在 ϕ_3 期间,开关 S_3 开通,改变转换器的输入状态,对与输入电压极性相反的基准电压进行积分。在 ϕ_2 及 ϕ_3 期间积分的同时对时钟脉冲进行计数,以确定积分时间,将输入电压数字化处理。如果在电路设计上保证两个积分区的积分值相等,输入电压和基准电压间有如下关系,即

$$U_i = \frac{T_3}{T_2} \cdot U_{ref} \tag{3-21}$$

式中　　T_3——在 ϕ_3 期间的积分时间;

　　　　T_2——在 ϕ_2 期间的积分时间。

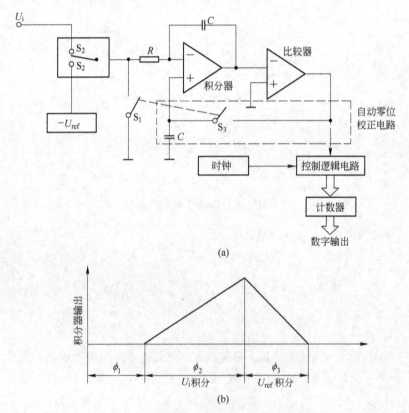

(a)

(b)

图 3-32　双积分型 A/D 转换器工作原理图

(a) 电路原理框图;(b) 积分波形

由此可求出数字值。

双积分型 A/D 转换器的转换精度与积分电容和频率无关,因为它们对正向积分和反向积分具有相同的影响,因而转换精度仅与基准电压的精度和稳定性有关。另外,由于数码均由时钟计

数器产生,不会有失码现象,因此其差分线性度好。在积分过程中,对高频噪声有着良好的抑制作用。

这种转换器的唯一的缺点是转换时间长,一般适用于变化缓慢的传感信号的转换,如热电偶等。

3.6.4 采样保持电路及模拟多路转换器

当使用一个 A/D 转换器对多路的模拟信号数字化时,必须使用模拟多路转换器及采样保持电路,如图 3-33 所示。

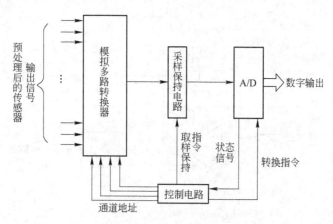

图 3-33　模拟多路转换器与转换器

模拟多路转换器的输入端与多个传感器的预处理电路连接,其输出端为共同的与采样保持电路相连。模拟多路转换器内模拟开关的"通"或"断"通过二进制代码寻址来指定,从而选择出特定的通道。当某一通道被选通后,其输出将在微型计算机控制信号控制下被送入到采样保持电路寄存起来。在数据采集系统中,由于 A/D 转换器的转换需要一定的时间,因此要求计算机发出的采集地址信息不变,以保持 A/D 转换器能正常进行工作,但这样会使微型计算机功效不能充分利用。为了既要使 A/D 转换正常工作,又使微型计算机充分发挥功效,因此必须将数据采集系统采集到的某一地址信息保持起来,在充分的时间内实现 A/D 转换。这就是在模拟多路转换器与 A/D 转换器之间设置采样保持电路的主要目的。

3.6.5 电压频率转换电路

电压—频率转换器也是模数转接口电路的一种,它将电压或电流转换成脉冲系列,该脉冲系列的瞬时周期精确的与模拟量成正比。虽然 V/F 转换器是一种模拟—模拟转换器电路,但由于频率可用数字方法进行测量,从而可以容易实现模数转换。V/F 转换电路的形式较多。但积分式 V/F 转换电路应用最广泛。图 3-34 是积分型 V/F 转换电路的工作原理图。

电路由积分器、电平检测器和积分复原开关等构成。电平检测器通常由电压比较器担任,它具有双限阈值电平,当积分电容充电到下限值电平时,电平检测电路将由场效应管 V 构成的复原开关导通,使电容迅速放电。当积分器输出电压达到上限阈值电平时,复原开关 V 重新截止,积分电容再次充电。由图可得

当 $t = T$, $U_c = U_r$ 时得

$$U_i = \frac{KU_r \cdot C}{T}$$

$$U_i = K \cdot i_c$$

$$U_c = \frac{Q}{C} = \frac{i_c \cdot t}{C} \tag{3-22}$$

式中　U_r——双限阈值电平之差。

充放电频率为

$$F = \frac{1}{T + t_d} \tag{3-23}$$

当频率很低时，t_d 可以忽略，此时

$$f = \frac{1}{KU_rC} \cdot U_i \tag{3-24}$$

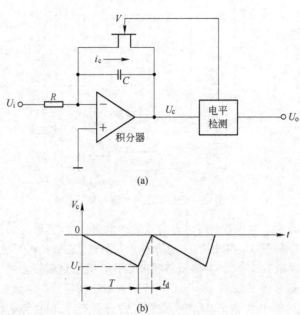

图 3-34　积分型 V/F 转换器
(a) 电路图；(b) 波形图

V/F 转换电路的主要特点是：对共模干扰抑制能力强、分辨率高、输出信号适于作远距离串行输出。其主要缺点是转换速率低，必须由外加计数器将串行的脉冲输出转换为并行形式，因此，它适用于低速率信号的转换。

V/F 转换电路的输出连续地跟踪输入信号，直接影响输入信号的变化，不需要外部时钟信号同步。另外，在用 V/F 转换电路实现 A/D 转换时，也不必加采样保持电路，因为它的输出总是对应于输入信号的平均值。

3.6.6　动态应变数据采集分析系统

在电阻应变测量技术中，动态应变与静态应变的测量基本原理相同，但是由于动态应变随时间而变化，因此必须采用记录器，同时对应变仪有不同的要求，对记录下的应变过程，要用适当的方法进行研究。传统的动态应变测量常用的记录器是光线示波器与磁带记录器两种。随着电子技术、计算机软件技术的发展，动态应变数据的采集、分析、处理等过程由数据采集器和计算机硬软件系统来快速完成。

以 XL3402C 动态应变数据采集分析系统为例来说明连接过程。XL3402C 动态应变数据采集分析系统由 A/D 转换速度为 100 kHz 的 USB 数据采集器及相应动态信号分析软件组成。USB2001 是一种基于 USB 总线的数据采集器，可直接插在 IBM PC/AT 或其兼容计算机的任一 USB 插口中，与相应动态信号分析处理软件组成了 XL3402C 动态应变数据采集分析系统。其连接如图 3-35 所示。

图 3-35　XL3402C 动态应变数据采集分析系统连接示意图

USB2001 采集器的信号输入接线采用 DB37 标准 D 型插座。为配合 XL3402C 动态应变数据采集分析系统的使用，CH1～CH8 采用 Q_9 方式接线，镶嵌于仪器的后面板，如图 3-36 所示。信号输入为单端输入方式，同时系统配套提供双 Q_9 连接电缆 8 条。前面板由一个工作指示灯和一个计算机接口——USB 接口端子组成，如图 3-37 所示。因 USB 接口板卡不用外接电源，故 XL3402C 未提供电源接口与开关。只要将采集器与计算机任一 USB 接口正确相连即可。

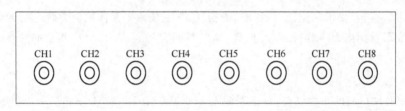

图 3-36　USB2001 采集器后面板示意图

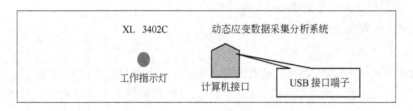

图 3-37　USB2001 采集器前面板示意图

思 考 题

3-1　传感器的接口电路在传感器和检测系统的作用是什么？

3-2　传感器的输出信号有哪些特点，传感器信号的处理方法有哪些？

3-3　直流电桥在应用中常出现误差，通常采用哪些方法消除误差？

3-4　放大电路的作用是什么，简述反相放大器、同相放大器、差动放大器和电荷放大器的工作原理。

3-5　在传感器的信号处理中为什么要采用噪声抑制，噪声产生的原因有哪些，噪声抑制的方法有哪些？

3-6　检测信号输入微机前作了哪些必要的处理，简述传感器与微机连接的重要性。

4 力参数的测量

4.1 应力应变测量

4.1.1 应力应变关系

应力是一个重要的机械量,它表征了构件的受载情况、负荷水平和强度能力,应力测量也是其他力能参数测量的基础。应力测量的方法很多,如机械测法、电测法、光测法等,目前以电阻应变测法应用最广泛。电阻应变测量的基本方法是根据测量的目的选择测点、贴电阻应变片、组成测量电桥、连接电阻应变仪、测量构件受力后表面各点应变,然后再根据应力和应变的关系计算出各点的应力。

4.1.1.1 单向应力状态

由材料力学可知,受单向拉伸(或压缩)的构件,其上任意单元体的应力状态均为单向应力状态。在弹性变形范围内,受轴向拉伸的杆件,其横截面上的正应力 σ_x 与其轴向应变 ε_x 成正比,即

$$\sigma_x = E \cdot \varepsilon_x \tag{4-1}$$

式中 E——构件材料的弹性模量,对于碳钢 $E = (2.0 \sim 2.1) \times 10^5 \text{ N/mm}^2$。

由上式可知,对于受单向拉伸的构件,只要沿其受力方向粘贴一枚应变片,测出轴向应变 ε_x,代入式(4-1),即可求出横截面上该点的正应力 σ_x。

4.1.1.2 平面应力状态

A 主应力方向已知

若在测量前经过分析,可以确定被测构件表面上某点的主应力方向,则可用两枚应变片分别沿两个主应力 σ_1、σ_2 的方向各贴一枚,见图 4-1(a),直接测得两个主应变 ε_1、ε_2,再由下式解出主应力 σ_1 和 σ_2。

$$\left.\begin{array}{l} \sigma_1 = \dfrac{E}{1 - \mu^2}(\varepsilon_1 + \mu\varepsilon_2) \\[2mm] \sigma_2 = \dfrac{E}{1 - \mu^2}(\varepsilon_2 + \mu\varepsilon_1) \\[2mm] \tau_{\max} = \dfrac{1}{2}(\sigma_1 - \sigma_2) \end{array}\right\} \tag{4-2}$$

有时虽然主应力方向已知,但实测中不能沿主应力方向贴片时,可沿任一已知方向(即与主应力方向成夹角 φ 的方向)贴片,但两枚应变片应互相垂直,如图 4-1(b)所示,则可测出 $\varepsilon_{\varphi1}$、$\varepsilon_{\varphi2}$,再由下式计算出 ε_1 和 ε_2。

$$\dfrac{\varepsilon_1}{\varepsilon_2} = \dfrac{\varepsilon_{\varphi1} + \varepsilon_{\varphi2}}{2} \pm \dfrac{\varepsilon_{\varphi1} - \varepsilon_{\varphi2}}{2\cos2\varphi} \tag{4-3}$$

再代入式(4-2)解出 σ_1 和 σ_2。

B 主应力方向未知

在实际测量中,许多情况是主应力 σ_1、σ_2 的大小和方向均未知,这样较前述情况多了一个未

知数,即主应力方向与我们任选的坐标(贴片方向)之间的夹角 φ。因此必须有三个独立的数据才能确定该点的应力状态,也就是要在该点沿三个不同方向贴三枚应变片。如图 4-2 中 O 点处于主应力方向未知的平面应力状态,设沿任意的三个方向 φ_1、φ_2 和 φ_3 贴片三枚应变片,测出三个方向的应变 $\varepsilon_{\varphi1}$、$\varepsilon_{\varphi2}$ 和 $\varepsilon_{\varphi3}$,根据下式:

$$\left.\begin{array}{l} \varepsilon_{\varphi1} = \varepsilon_x\cos^2\varphi_1 + \varepsilon_y\sin^2\varphi_1 + \gamma_{xy}\sin\varphi_1 \cdot \cos\varphi_1 \\ \varepsilon_{\varphi2} = \varepsilon_x\cos^2\varphi_2 + \varepsilon_y\sin^2\varphi_2 + \gamma_{xy}\sin\varphi_2 \cdot \cos\varphi_2 \\ \varepsilon_{\varphi3} = \varepsilon_x\cos^2\varphi_3 + \varepsilon_y\sin^2\varphi_3 + \gamma_{xy}\sin\varphi_3 \cdot \cos\varphi_3 \end{array}\right\} \quad (4\text{-}4)$$

可解出 ε_x、ε_y 和 γ_{xy}。再代入下式求出主应变 ε_1、ε_2 和主方向与 x 轴夹角 φ。

$$\left.\begin{array}{l} \dfrac{\varepsilon_1}{\varepsilon_2} = \dfrac{1}{2}(\varepsilon_x + \varepsilon_y) \pm \dfrac{1}{2}\sqrt{(\varepsilon_x - \varepsilon_y)^2 + \gamma_{xy}^2} \\ \\ \varphi = \dfrac{1}{2}\arctan\dfrac{\gamma_{xy}}{\varepsilon_x - \varepsilon_y} \end{array}\right\} \quad (4\text{-}5)$$

将主应变 ε_1、ε_2 代入式(4-2),即可求出主应变力 σ_1、σ_2 及 τ_{max}。

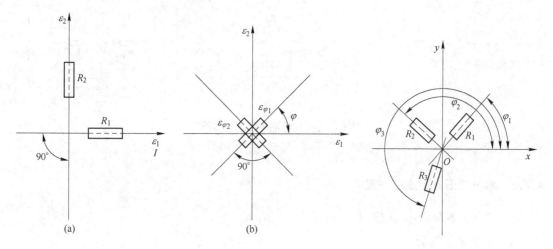

图 4-1　主应力方向已知时,平面应力测量的应力贴片法

(a) 可沿主应力方向贴片;(b) 不能沿主应力方向贴片

图 4-2　主应力方向未知时的贴片

C　应变花的应用

实际使用中,为了简化计算,三枚应变片与 x 轴夹角 φ_1、φ_2 和 φ_3 总是选取特殊角,如 0°、45° 和 90°,或者 0°、60° 和 90°,并且将三枚应变片的敏感栅制在同一基底上,形成应变花。使用应变花简化了贴片工序,保证了贴片角度的精确性。

三片 45° 应变花适用于主方向大致知道的情况,其中三片敏感栅与 x 轴的夹角分别为 $\varphi_1 = 0°$、$\varphi_2 = 45°$、$\varphi_3 = 90°$[见图 4-3(a)],将互相垂直的两片沿估计的主方向粘贴,各应变片可以感受较大的应变值,使测试较为准确。实测时在测点处贴三片 45° 应变花,另外在补偿块上贴补偿片[见图 4-3(b)],并组半桥[见图 4-3(c)]。

三片 60° 应变花主要用于主方向无法估计的情况,其三片敏感栅分别与 x 轴的夹角为 $\varphi_1 = 0°$、$\varphi_2 = 60°$、$\varphi_3 = 120°$[见图 4-4(a)],这种应变花的贴法与组桥如图 4-4(b)、(c)所示。

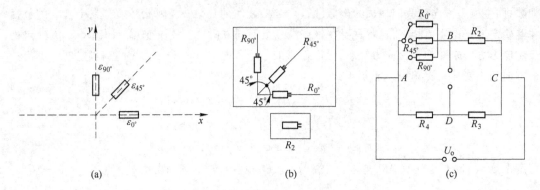

图 4-3　45°应变花的贴片与组桥

(a) 45°应变花；(b) 贴片方法；(c) 组桥方式

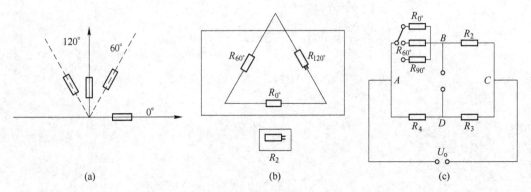

图 4-4　60°应变花的贴片与组桥

(a) 60°应变花；(b) 贴片方法；(c) 组桥方式

4.1.2　单一变形时的应变测量

4.1.2.1　单向拉伸(压缩)应变测量

A　半桥单臂测量

取阻值 R 和灵敏系数 K 均相同的两枚应变片，将 R_1(工作片)沿受力方向粘贴在被测构件上，将 R_2(补偿片)贴在补偿块上，置于同一环境温度中，组成半桥，如图 4-5(a)、(c)所示。R_1 和 R_2 由于受力变形及温度变化引起阻值变化分别为

$$\frac{\Delta R_1}{R_1} = \left(\frac{\Delta R_1}{R_1}\right)_P + \left(\frac{\Delta R_1}{R_1}\right)_t = K\varepsilon_P + K\varepsilon_t$$

$$\frac{\Delta R_2}{R_2} = \left(\frac{\Delta R_2}{R_2}\right)_t = K\varepsilon_t$$

式中　$\left(\dfrac{\Delta R_1}{R_1}\right)_P$ ——由 P 力引起的电阻变化率；

$\left(\dfrac{\Delta R_1}{R_1}\right)_t$、$\left(\dfrac{\Delta R_2}{R_2}\right)_t$ ——由温度变化引起的 R_1、R_2 电阻变化率－且两者大小相等；

ε_P、ε_t ——分别表示力 P 和环境温度变化引起构件的应变。

则电桥输出电压为

$$U_y = \frac{U_o}{4}\left(\frac{\Delta R_1}{R_1} - \frac{\Delta R_2}{R_2}\right) = \frac{U_o}{4}\left[(K\varepsilon_P + K\varepsilon_t) - K\varepsilon_t\right] = \frac{U_o}{4}K\varepsilon_P \qquad (4\text{-}6)$$

结果消除了温度的影响,仅测得轴向应变。此时桥臂系数 $n=1$,即应变仪读数就是所测构件的实际应变值。

B 半桥双臂测量

取阻值 R 与灵敏系数 K 都相同的两枚应变片,均贴在被测零件上,其中 R_1(工作片)沿力方向粘贴,R_2(补偿片)则垂直受力方向粘贴,组成半桥,如图 4-5(b)、(c)所示。R_1、R_2 由于受力变形和温度引起的阻值变化分别为:

$$\frac{\Delta R_1}{R_1} = \left(\frac{\Delta R_1}{R_1}\right)_P + \left(\frac{\Delta R_1}{R_1}\right)_t = K\varepsilon_P + K\varepsilon_t$$

$$\frac{\Delta R_2}{R_2} = \left(\frac{\Delta R_2}{R_2}\right)_P + \left(\frac{\Delta R_2}{R_2}\right)_t = K(-\mu\varepsilon_P) + K\varepsilon_t$$

因为

$$\left(\frac{\Delta R_1}{R_1}\right)_t = \left(\frac{\Delta R_2}{R_2}\right)_t = K\varepsilon_t$$

所以

$$U_y = \frac{U_o}{4}\left(\frac{\Delta R_1}{R_1} - \frac{\Delta R_2}{R_2}\right) = \frac{U_o}{4}\left[(K\varepsilon_P + K\varepsilon_t) - (-K\mu\varepsilon_P + K\varepsilon_t)\right] = \frac{U_o}{4}(1+\mu)K\varepsilon_P \qquad (4\text{-}7)$$

按此贴片方案亦可消除温度的影响。此时桥臂系数为 $n=1+\mu$,应变仪的读数值为实际应变值的 $1+\mu$ 倍。二片组半桥测拉(压)应力方案简单,但不能消除由于载荷偏心产生和附加弯矩的影响。

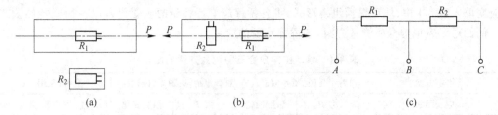

图 4-5 测拉应变的布片与组半桥图
(a) 有补偿块;(b) 无补偿块;(c) 组桥方式

C 全桥测量

采用四枚 R、K 相同的应变组全桥,其中 R_1、R_3 为工作片,R_2、R_4 为补偿片,其贴片与组桥如图 4-6 所示,当受拉力 P 与温度变化时,各应变片阻值变化分别为

$$\frac{\Delta R_1}{R_1} = \left(\frac{\Delta R_1}{R_1}\right)_P + \left(\frac{\Delta R_1}{R_1}\right)_t = K\varepsilon_P + K\varepsilon_t$$

$$\frac{\Delta R_3}{R_3} = \left(\frac{\Delta R_3}{R_3}\right)_P + \left(\frac{\Delta R_3}{R_3}\right)_t = K\varepsilon_P + K\varepsilon_t$$

$$\frac{\Delta R_2}{R_2} = \left(\frac{\Delta R_2}{R_2}\right)_P + \left(\frac{\Delta R_2}{R_2}\right)_t = -K\varepsilon_P + K\varepsilon_t$$

$$\frac{\Delta R_4}{R_4} = \left(\frac{\Delta R_4}{R_4}\right)_P + \left(\frac{\Delta R_4}{R_4}\right)_t = -K\varepsilon_P + K\varepsilon_t$$

则电桥输出电压为

$$U_y = \frac{U_o}{4}\left(\frac{\Delta R_1}{R_1} - \frac{\Delta R_2}{R_2} + \frac{\Delta R_3}{R_3} - \frac{\Delta R_4}{R_4}\right)$$

$$= \frac{U_o}{4}[(K\varepsilon_P + K\varepsilon_t) - (-k\mu\varepsilon_P + k\varepsilon_1) + (K\varepsilon_P + K\varepsilon_t) - (-K\mu\varepsilon_P + K\varepsilon_T)]$$

$$= \frac{U_o}{4} \times 2(1+\mu)K\varepsilon_P \tag{4-8}$$

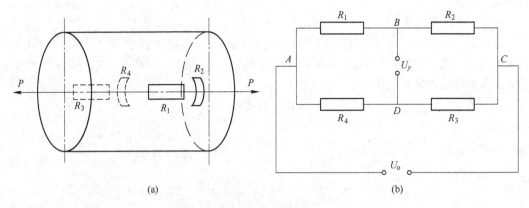

图 4-6 测拉应变的布片与组全桥图

(a) 贴片方法；(b) 组桥方式

由上式可见，应变仪读数为实际应变值的 $2(1+\mu)$ 倍，桥臂系数 $n = 2(1+\mu)$。按此方案，电桥输出灵敏度增大，且可消除偏心载荷和温度的影响。

上述三个测量方案均可消除温度的影响。为简化分析，将各应变片所受各种影响因素产生的应变填入表 4-1 中，然后根据组桥形式，将各桥臂应变片感受的应变代入电桥加减特性公式计算。例如对于表中的全桥测量方案，各桥臂感受的应变为

表 4-1 单向拉伸应变三种测量方案的比较

组桥方案		单臂半桥[见图 4-5(a)、(c)]		双臂半桥[见图 4-5(b)、(c)]		全桥(见图 4-6)	
应变因素		力 P	温度变化	力 P	温度变化	力 P	温度变化
桥臂应变	ε_1	ε_P	ε_t	ε_P	ε_t	ε_1	ε_t
	ε_2	0	ε_t	$-\mu\varepsilon_P$	ε_t	$-\mu\varepsilon_P$	ε_t
	ε_3					ε_1	ε_t
	ε_4					$-\mu\varepsilon_P$	ε_t
电桥输出 U_y		$\dfrac{U_o}{4}K\varepsilon_P$		$\dfrac{U_o}{4}(1+\mu)K\varepsilon_P$		$\dfrac{U_o}{4} \times 2(1+\mu)K\varepsilon_P$	
桥臂系数 n		1		$1+\mu$		$2(1+\mu)$	

$$\varepsilon_1 = \varepsilon_P + \varepsilon_t$$

$$\varepsilon_2 = -\mu\varepsilon_P + \varepsilon_t$$

$$\varepsilon_3 = \varepsilon_P + \varepsilon_t$$

$$\varepsilon_4 = -\mu\varepsilon_P + \varepsilon_t$$

则电桥输出电压

$$U_y = \frac{U_o}{4}K(\varepsilon_1 - \varepsilon_2 + \varepsilon_3 - \varepsilon_4)$$

$$= \frac{U_o}{4} \times 2(1+\mu)K\varepsilon_P$$

以下问题均按此表格形式分析。

4.1.2.2 弯曲应变测量

测量方案可有三种:(1)一片工作,外加补偿块法。(2)二片工作组半桥(见图 4-7)。(3)四片工作组全桥(见图 4-8)。各种组桥方案中各桥臂所感受的应变及电桥输出见表 4-2。

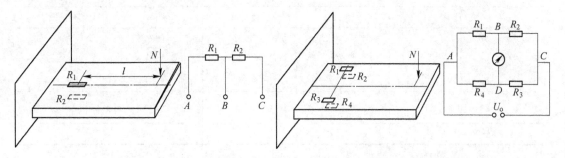

图 4-7 测弯曲应变的布片与组半桥图   图 4-8 测弯曲应变的布片与组全桥图

表 4-2 弯曲应变三种测量方案的比较

组 桥 方 案		方案 a		方案 b(见图 4-7)		方案 c(见图 4-8)	
应变因素		弯矩 N	温度变化	弯矩 N	温度变化	弯矩 N	温度变化
桥臂应变	ε_1	ε_N	ε_t	ε_N	ε_t	ε_N	ε_t
	ε_2	0	ε_t	$-\varepsilon_N$	ε_t	$-\varepsilon_N$	ε_t
	ε_3					ε_N	ε_t
	ε_4					$-\varepsilon_N$	ε_t
电桥输出 U_y		$\dfrac{U_\circ}{4}K\varepsilon_N$		$\dfrac{U_\circ}{4}K\times 2\varepsilon_N$		$\dfrac{U_\circ}{4}K\times 4\varepsilon_N$	
桥臂系数 n		1		2		4	

4.1.2.3 扭转应变测量

当圆轴受扭矩作用时,在圆轴表面任取一单元体,则处于纯剪应力状态[见图 4-9(a)]。由应力分析可知,轴的表面各点,在与轴线成 ±45°角的方向有最大(最小)主应力,相应有最大主应变和最小主应变。两个主应力的绝对值满足

$$\sigma_1 = |\sigma_3| = \tau_{\max}$$

这样,可在轴表面沿与轴线成 45°角的方向上粘贴应变片,则应变片可感受因扭矩 M 所产生的应变,此即轴表面的主应变。再用有关公式计算扭矩,其测量方案有:

(1) 四片工作片组半桥[见图 4-9(a)、(b)];

(2) 四片工作组全桥[见图 4-9(a)、(c)]。

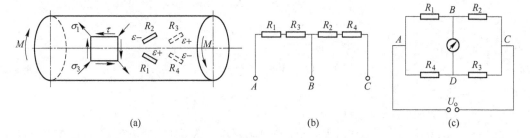

图 4-9 测扭转应变的布图和组桥图

(a) 贴片方法;(b) 半桥连接;(c) 全桥连接

两种方案的分析及结果见表 4-3。

表 4-3　扭转应变两种测量方案的比较

组桥方案		方案 a		方案 b	
应变因素		弯矩 N	温度变化	弯矩 N	温度变化
桥臂应变	ε_1	ε_M	ε_t	ε_M	ε_t
	ε_2	$-\varepsilon_M$	ε_t	$-\varepsilon_M$	ε_t
	ε_3			ε_M	ε_t
	ε_4			$-\varepsilon_M$	ε_t
电桥输出 U_y		$\dfrac{U_o}{4}K \times 2\varepsilon_M$		$\dfrac{U_o}{4}K \times 4\varepsilon_M$	
桥臂系数 n		2		4	

因为圆轴受扭时其表面任一点的应力状态都是平面应力状态,所以应用平面虎克定律公式来计算应力。

$$\sigma_1 = -\sigma_3 = \tau_{\max}$$

与主应力相对应的主应变为 σ_1、σ_3,并且

$$\varepsilon_1 = -\varepsilon_3 = \varepsilon_M$$

则由式(4-2)可得出

$$\varepsilon_M = \frac{1}{E}(1+\mu)\sigma_1$$

或

$$\sigma_1 = \frac{E}{1+\mu}\varepsilon_M$$

则

$$\tau_{\max} = |\sigma_1| = \left| \frac{E}{1+\mu}\varepsilon_M \right| \tag{4-9}$$

$$M = W \times \tau_{\max} = W\frac{E}{1+\mu}\varepsilon_M \tag{4-10}$$

式中　W——圆轴抗扭断面系数,对于实心圆轴 $W = \frac{1}{16}\pi D^3 \approx 0.2D^3$。

由式(4-9)和式(4-10)可知,通过测量轴体表面的主应变或主应力即可确定扭矩 M,这是测量传动轴扭矩的主要方法之一。

4.1.2.4　剪应变测量

设梁受集中外力 Q 作用,则可通过测量弯曲应变求得外力 Q。根据材料力学可知剪力 Q 等于

$$Q = \frac{\mathrm{d}N}{\mathrm{d}X} \approx \frac{\Delta N}{\Delta X} = \frac{N_1 - N_2}{X_1 - X_2}$$

$$\sigma = \frac{N}{W} = E\varepsilon \qquad N = WE\varepsilon$$

则

$$Q = WE\frac{\varepsilon_{N1} - \varepsilon_{N2}}{a_1 - a_2} \tag{4-11}$$

式中　N——弯矩;

　　　W——抗弯断面系数。

由上式可知,只要测出两点间应变差值,则 Q 力可求。欲测两点间应变差值,可在该两点处各贴一枚应变片,并组半桥(见图 4-10)。受力后各片阻值变化为

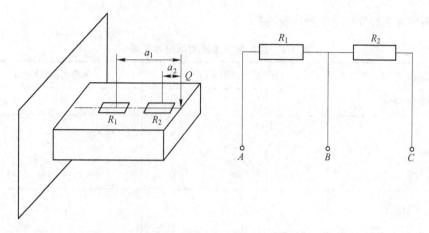

图 4-10　剪应变的布片与组桥图

$$\frac{\Delta R_1}{R_1} = K\varepsilon_{N1} \qquad \frac{\Delta R_2}{R_2} = K\varepsilon_{N2}$$

则
$$U_y = \frac{U_0}{4}K(\varepsilon_{N1} - \varepsilon_{N2}) \tag{4-12}$$

应变仪读数即为所求某两点间的应变差值。再代入式(4-11)即可求出力 Q。

4.1.3　复合变形时对某一应变成分的测量

实际测量中,被测构件往往处于复杂的受力状态,如转轴同时受扭转、弯曲与拉伸的作用。若此时只需测量其中某一应变成分,排除其他非测量载荷的影响,这就需要具体分析构件的受力状态 ,正确布片与组桥,以达到只测量某应变成分之目的。

4.1.3.1　拉伸(压缩)与弯曲的组合作用

(1) 只测拉伸(或压缩)所产生的应变。设一梁同时受拉力 P 与弯矩 N 的作用,此时要考虑如何只测得 ε_P,而消除由于弯矩 N 所产生的应变,即测拉消弯。应变片的布片和组桥如图 4-11 所示。

(2) 只测弯曲所产生的应变。此时要消除拉力 P 的影响,即测弯消拉,其布片与组桥如图 4-12所示。

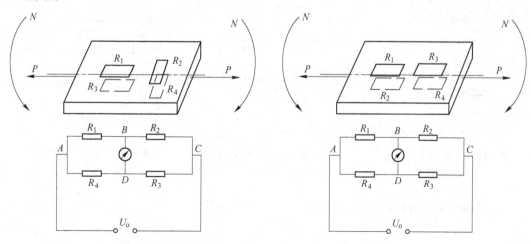

图 4-11　只测拉应变的布片与组桥图　　　　图 4-12　只测弯曲应变的布片与组桥图

上述两种方案的分析及结果见表4-4。

表 4-4　拉弯复合变形时的变形测量

组桥方案		测拉消弯(图 4-11)			测弯消拉(图 4-12)		
应变因素		P	N	温度	P	N	温度
桥臂应变	ε_1	ε_P	ε_N	ε_t	ε_P	ε_N	ε_t
	ε_2	$-\mu\varepsilon_P$	$-\mu\varepsilon_N$	ε_t	ε_P	$-\varepsilon_N$	ε_t
	ε_3	ε_P	$-\varepsilon_N$	ε_t	ε_P	ε_N	ε_t
	ε_4	$-\mu\varepsilon_P$	$\mu\varepsilon_N$	ε_t	ε_P	$-\varepsilon_N$	ε_t
电桥输出 U_y		$\dfrac{U_\circ}{4}K \times 2(1+\mu)\varepsilon_P$			$\dfrac{U_\circ}{4}K \times 4\varepsilon_N$		
桥臂系数 n		$2(1+\mu)$			4		

4.1.3.2　扭转、拉伸(压缩)与弯曲的组合作用

设一圆轴同时受扭转、拉伸、弯曲的组合作用。

(1) 只测扭转产生的应变 ε_M。取四枚 R、K 均相等的应变片,分别沿与轴线成45°角方向粘贴,要求各片的顶点在同一圆周上,且 R_1、R_2 与 R_3、R_4 对称于轴线相距180°,并组全桥如图 4-13 所示。

(2) 测拉伸产生的应变。选取四枚 R、K 均相等的应变片,其布片与组桥如图 4-14 所示。对于扭矩的作用,在轴表面各应变片轴线方向上的正应力均为零,即 $\varepsilon_M = 0$。

(3) 只测弯曲产生的应变。选取两枚 R、K 均相等的应变片,其布片与组桥如图 4-15 所示。同样,对于扭矩作用,在轴表面各应变片的轴线方向上正应力均为零,即 $\varepsilon_M = 0$。

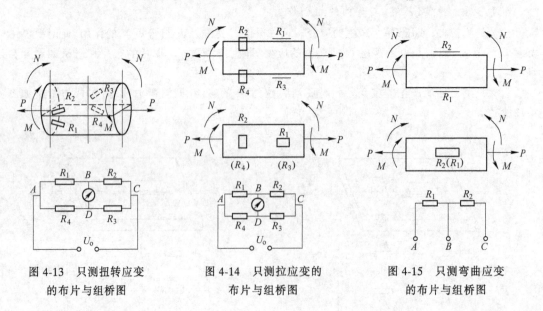

图 4-13　只测扭转应变　　　　图 4-14　只测拉应变的　　　　图 4-15　只测弯曲应变
　　的布片与组桥图　　　　　　　布片与组桥图　　　　　　　的布片与组桥图

以上三种方案的分析和结果见表4-5。

表 4-5 扭、拉、弯复合变形时的变形测量

组桥方案	只测扭转(图4-13)				只测拉伸(图4-14)				只测弯曲(图4-15)			
应变因素	M	N	P	温度	M	N	P	温度	M	N	P	温度
桥臂应变 ε_1	ε_M	ε_N	ε_P	ε_t	0	$-\varepsilon_N$	ε_P	ε_t	0	ε_N	ε_P	ε_t
ε_2	$-\varepsilon_M$	$-\varepsilon_N$	ε_P	ε_t	0	$\mu\varepsilon_N$	$-\mu\varepsilon_P$	ε_t	0	$-\varepsilon_N$	ε_P	ε_t
ε_3	ε_M	$-\varepsilon_N$	ε_P	ε_t	0	ε_N	$\mu\varepsilon_P$	ε_t				
ε_4	$-\varepsilon_M$	ε_N	ε_P	ε_t	0	$-\mu\varepsilon_N$	$-\mu\varepsilon_P$	ε_t				
电桥输出 U_y	$\frac{U_o}{4}K\times4\varepsilon_M$				$\frac{U_o}{4}K\times2(1+\mu)\varepsilon_M$				$\frac{U_o}{4}K\times2\varepsilon_N$			
桥臂系数 n	4				$2(1+\mu)$				2			

4.2 轧制压力的测量

金属在轧制过程中作用在轧辊上的压力即轧制压力,它是轧机的基本负荷参数之一。准确地测量轧制压力,对合理安排轧制工艺,合理使用和控制现有轧机以及设计新轧机,都是具有重要意义。

目前广泛采用两种测量轧制压力的方法。第一种是通过测量机架立柱的拉伸应变测量轧制压力,又称应力测量法;第二种是用专门设计的测力传感器直接测量轧制压力。至于所用的变换原理或传感器型式,则有电阻应变式、压磁式、电容式及电感式等,而当前应用最广的主要是前两种。

4.2.1 应力测量法

4.2.1.1 机架立柱应力分析

轧制时,轧机牌坊立柱产生弹性变形,其大小与轧制力成正比,因此,只需测出牌坊立柱的应变就可推算出轧制力。

对于闭口牌坊,轧制时,牌坊立柱同时承受拉应力 σ_P 和弯曲应力 σ_N,其应力分布如图 4-16 所示。由图可见,最大应力发生在立柱内表面 b-b 上,其值为

$$\sigma_{max} = \sigma_P + \sigma_N \tag{4-13}$$

最小应力发生在立柱的外表面 d-d 上,其值为

$$\sigma_{min} = \sigma_P - \sigma_N \tag{4-14}$$

在中性面 c-c 上,弯曲应力等于零,只有轧制力引起的拉应力 σ_P

$$\sigma_P = \frac{\sigma_{max} + \sigma_{min}}{2} \tag{4-15}$$

由此可见,为了测得拉应力,必须把应变片粘贴在牌坊立柱的中性面 c-c 上,以消除弯曲应力。因此一扇牌坊所受到的拉力

$$P_1 = 2\sigma_P A \tag{4-16}$$

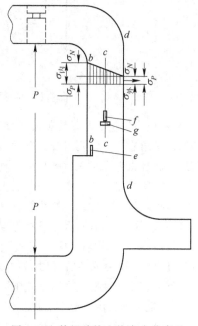

图 4-16 轧机牌坊立柱应力分布及
测量点的选择
e、f、g—应变片

式中　A——牌坊一根立柱的横截面积。

若四根立柱受力条件相同,则总轧制力 P 为

$$P = 2P_1 = 4\sigma_P A \tag{4-17}$$

或根据轧件在轧辊上的位置(轧制力作用点),由杠杆原理求出总轧制力 P:

$$P = P_1 \times \frac{l}{l-a} = 2\sigma_P A \frac{l}{l-a} \tag{4-18}$$

式中　l——压下螺丝的中心距,mm;

　　　a——轧制力 P 的作用点到所测牌坊压下螺丝的距离,mm。

4.2.1.2　测量方法

当在机架立柱中性面粘贴电阻应变片时,首先要正确确定立柱中性面的位置,对于简单断面的立柱,可用作图法找出中性面;对于复杂断面,先测出立柱内外表面应力,再由式(4-15)求出 σ_P,然后在立柱另外两个表面的不同位置上测量应力 σ,当 $\sigma = \sigma_P$ 时,即为中性面。然后把测点安置在截面比较均匀的地方。应变片按垂直和水平方向粘贴,可用半桥或全桥连线如图 4-17 所示。为了防止应变片的机械损坏以及油、水及蒸气等有害介质的侵蚀,应变片应妥善保护。

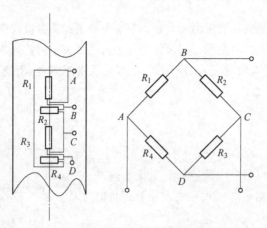

图 4-17　应变片在机架立柱上的布置及接线方式

采用应力测量法测量轧制力时,最好在四个立柱上都布置测点。实践表明,当采取二立柱方案时,以对角立柱布置测点较为有利。因为这种方案不仅考虑了传动侧和换辊侧立柱受力不均的影响,而且也考虑了入口侧与出口侧立柱受力不均的影响。

另外,其标定方法基本上与一般应变(或应力)的测量相同,最常见的办法是用等强度梁进行标定。在等强度梁上贴片,其性能、粘贴工艺、组桥方式、仪器性能、工作状态和梁体材料等均应与牌坊立柱的情况相同,因而可将等强度梁上得出的结果应用到牌坊上去。然后给梁逐渐加载,记录下各对应载荷的输出信号,于是得出应力(或应变)与输出信号(例如光点高度)之间的线性关系。应该指出,在条件许可时,如能采用对机架直接加载的方法进行现场标定,则可提高测试精度,例如把高压油缸放在两个轧辊中间加压可实现直接标定。对于四辊轧机,由于辊缝太小,需将工作辊轴抽去后再放入油缸。由于此法麻烦,又影响生产,故不常用。

采用应力测量法测量轧制力时,其测量精度主要取决于测点布置、被测立柱组合方案和标定精度。在保证合理测量条件的前提下,其综合测量误差一般在 ±10% 以内。这足以满足轧制压力的一般检测和对负荷监控的要求。该方法的优点是:无需改动现有设备,不需使用造价较高的专门测力传感器,且安装、维修以及换辊操作等均不受影响。但不足之处是机架应力水平较低,

输出信号较小。

4.2.1.3 应变拉杆法

为克服上述缺点,提高测量精度,可采用图 4-18 所示的应变拉杆法。在牌坊立柱中性面 4 上焊两个支座 1,在二者之间固定三段粗拉杆 2,其间用一根细小拉杆 3(有效长度为 l,其上粘贴应变片,组成电桥)相连。当粗拉杆刚度远远大于细小拉杆时,可认为粗拉杆不发生变形,而牌坊立柱长度为 L 内的变形主要集中在细小拉杆上,拉杆应力 σ 为

$$\sigma = \sigma_P \frac{L}{l} \tag{4-19}$$

由上式可见,细小拉杆应力 σ 比立柱应力 σ_P 大 L/l 倍。

应变拉杆法的优点是:易于制造,便于维修,无需改动现有设备,不占用窗口空间,不影响机架刚度,工作条件好,使用寿命长,造价低廉易于推广等。其缺点是:若立柱横截面形状不规则,中性面不易找准。另外,由于各种因素的影响,四根立柱受力情况不尽相同。所以会引起较大误差。实验表明,用应变拉杆法和传感器测量法测出的轧制力误差,最大可达 $8\% \sim 10\%$。

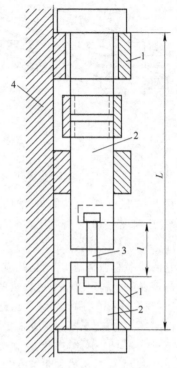

图 4-18 应变杆的结构和安装示意图
1—支座;2—粗拉杆;3—细拉杆;
4—立柱中性面

4.2.2 传感器测量法

在轧制压力测量中,用测力传感器直接测量轧制压力得到广泛应用。同应变测量法相比,传感器的应力水平要高 $10 \sim 20$ 倍,精度及稳定性均优,不仅可用于负荷显示,还可为控制系统提供信号。当然,这种方法的投资较多,标定过程也比较复杂,但在当前仍是国内外普遍采用的主要方法。

4.2.2.1 测力传感器的分类

测力传感器的种类很多,按其测量原理可分为三大类:电容式、压磁式和电阻应变式。

A 电容式传感器

电容式传感器把力转换成电容的变化。它由两个互相平行的绝缘金属板组成。由物理学可知,两个平行板电容器的电容 C 为

$$C = \frac{\varepsilon \cdot S}{\delta} \tag{4-20}$$

式中 S——电容器的两个极板覆盖面积,mm^2;

δ——电容器的两个极板间距,mm;

ε——电容器极板间介质的介电常数,空气 $\varepsilon = 1$。

由式(4-20)可知,S、δ 和 ε 三个参数中,只要有一个参数发生变化都会使电容 C 改变,这就是电容式传感器的工作原理。

图 4-19 为测量轧制力使用的电容式传感器。在矩形的特殊钢块弹性元件上,加工有若干个贯通的圆孔,每个圆孔内固定两个端面平行的丁字形电极,每个电极上贴有铜箔,构成平板电容器,几个电容器并联成测量回路。在轧制力作用下,弹性元件产生变形,因而极板间距发生变化,

从而使电容发生变化,经变换后得到轧制力。

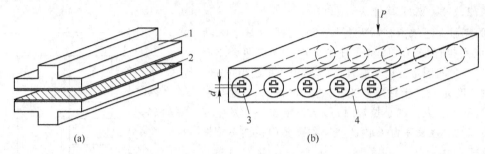

图 4-19　电容式传感器原理图

(a) 电极;(b) 传感器构造图

1—绝缘物(无机材料);2—导体(铜材);3—电极;4—钢件

优点:灵敏度高,结构简单,消耗能量小、误差小,国外已用于测量轧制力。

缺点:泄漏电容大,寄生电容和外电场的影响显著,且测量电路复杂。

B　压磁式传感器

它的基本原理是利用"压磁效应",即某些铁磁材料受到外力作用时,引起导磁率 μ 发生变化的物理现象。利用压磁效应制成的传感器,叫做压磁式传感器(在轧机测量中也常称为压磁式压头),有时也叫做磁弹性传感器或磁致伸缩传感器。

图 4-20(a)为变压器型压磁式传感器的原理图。在两条对角线上,开有四个孔 1、2 和 3、4。在两个对角孔 1、2 中,缠绕激磁(初级)绕组 $W_{1,2}$;在另两个对角孔 3、4 中,缠绕测量(次级)绕组 $W_{3,4}$。$W_{1,2}$ 和 $W_{3,4}$ 平面互相垂直,并与外力作用方向成 45°角。当激磁绕组 $W_{1,2}$ 通入一定的交流电时,铁心中就产生磁场。在不受外力作用[见图 4-20(b)]时,由于铁心的磁各向同性,A、B、C、D 四个区域的导磁率 μ 是相同的,此时磁力线呈轴对称分布,合成磁场强度 H 平行于测量绕组 $W_{3,4}$ 平面,磁力线不与绕组 $W_{3,4}$ 交链,故 $W_{3,4}$ 不会感应出电势。

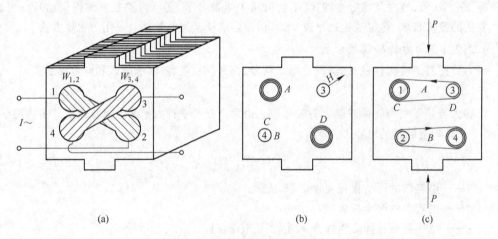

图 4-20　压磁式传感器原理图

(a) 传感器原理图;(b) 不受外力作用;(c) 受外力作用

在外力 P 作用下[见图 4-20(c)],A、B 区域承受很大压应力 σ,于是导磁率 μ 下降,磁阻 R_m 增大。由于传感器的结构形状缘故,C、D 区域基本上仍处于自由状态,其导磁率 μ 仍不变。由于磁力线有沿磁阻最小途径闭合的特性,此时,有一部分磁力线不再通过磁阻较大的 A、B 区域,而通过磁阻较小的 C、D 区域而闭合。于是原来呈现轴对称分布的磁力线被扭曲变形,合成磁场强度 H 不再与 $W_{3,4}$ 平面平行,磁力线与绕组 $W_{3,4}$ 交链,故在测量绕组 $W_{3,4}$ 中感应出电势 E 值。P 值越大,应力 σ 越大,磁通转移越多,E 值也越大。将此感应电势 E 经过一系列变换后,就可建立压力 P 与电流 I(或电压 V)的线性关系,即可由输出 I(或 V)表示出被测力 P 的大小。

压磁式传感器具有输出功率大、抗干扰能力强,过载能力强,寿命长,具有防尘、防油、防水等优点。因此,目前已成功地用于矿山、冶金、运输等部门,特别是在轧机自动化系统中,广泛用于测量轧制力、带钢张力等参数。

C 电阻应变式传感器

它主要由弹性元件和应变片构成。外力作用在弹性元件上,使其产生弹性变形(应变),由贴在弹性元件上的应变片将应变转换成电阻变化。再利用电桥将电阻变化转换成电压变化,然后送入放大器放大,由记录器记录。最后利用标定曲线将测得的应变值推算出外力大小,或直接由测力计上的刻度盘读出力的大小。由于电阻应变技术的发展,这种传感器已成为主流。它特别适合于现场条件下的短期测量,故目前测量轧制力大多数采用电阻应变式传感器。

电阻应变式传感器的典型结构如图 4-21 所示。传感器承受的载荷是通过球面垫 2、上盖 3 和底盘 11 作用在弹性元件 5 上。为了对偏心载荷和歪斜载荷起调节作用,以及保证把全部载荷加到弹性元件上,采用了球面垫 2。为了防止水、油等介质进入传感器内部,采用一个倒置的碗状上盖 3。同时在上盖 3 与底盘 11 之间用两道 O 形橡胶密封圈 7 和密封圈 8。装配时,在其间填充流质密封剂。为使引线处密封良好,用特制波纹管 6 连接橡皮管将引线引出。导线引出波纹管后,用密封剂将管口封住。弹性元件的内外表面贴有应变片,在其上再涂以各种密封剂。为了防止弹性元件转动而扭断导线,在上盖 3 和弹性元件 5 之间用两个销钉 4 固定。为了装配方便,采用两个定位销 12。球面垫 1 是标定传感器时用的,故称为标定垫。

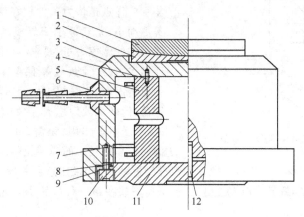

图 4-21 电阻应变式传感器的典型结构形式

1—标定垫;2—球面垫;3—上盖;4—销钉;5—弹性元件;6—波纹管;7—O 形橡胶密封圈;

8—密封圈;9—弹簧垫圈;10—螺钉;11—底盘;12—定位销

按照变形方式,电阻应变式传感可分为:压缩式、剪切式和弯曲式三种,其中使用最多的是前两种。

4.2.2.2 电阻应变式传感器的设计

在轧钢中,测力传感器也叫做测压头,简称为压头。在轧钢设备中,由于轧制力大,工作条件差,安装传感器的位置也受到限制,因此不能应用出售的标准成品传感器,必须根据每套轧机的具体条件自行设计和制造。

A　外壳结构的设计

a　外壳的作用

(1) 传力和均力。通过球面垫、上盖和底盘把全部载荷加到弹性元件上,为此要求上盖和底盘应具有一定的机械强度,以便起到传力和均力板的作用。为使载荷均匀地加在弹性元件上,故要求与其接触的上盖和底盘的平面要磨削,其表面粗糙度 R_a 应在 0.8 以下。必要时,应在上盖与弹性元件之间、底盘与弹性元件之间垫以铜垫,以保证接触均匀。

(2) 密封。防止水、油、蒸气等介质浸入传感器内部,破坏其正常工作。因此,密封是设计传感器结构的一个重点。

(3) 机械防护。防止弹性元件在搬运和工作过程中碰伤。为搬运方便,大吨位传感器应设有专用凸耳和吊环。

b　设计步骤

(1) 确定传感器的安装位置。测力传感器应安装在工作机座两侧轧辊轴承垂直载荷的传力线上,通过测量两侧的轧制分力即可得到总轧制力。根据不同情况,轧机测力传感器的安装位置常在以下三个部位中选择(见图 4-22):即压下螺丝和上辊轴承座之间(部位 1);下辊轴承座和机架牌坊下横梁之间(部位 2)及压下螺母和机架牌坊上横梁之间(部位 3)。

部位 1 应用广泛,适用于各种测力传感器。其主要优点是传力条件较好,维修方便,对原有设备更动小,尤其适于旧轧机。其缺点是传感器承受附加的摩擦力矩,要求有可靠的防转装置,工作环境多油、水及蒸气等有害介质。部位 2 有较大的安装面积,不受扭矩作用,换辊时可不必拆装传感器,但环境较为恶劣,维修不便。部位 3 环境良好,不受扭矩作用,无需专门外壳,有利于采用结构简单高度较小的弹性元件。主要缺点是拆装和

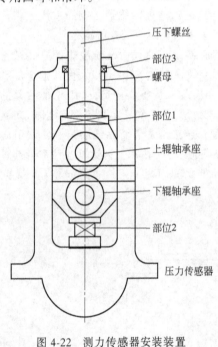

图 4-22　测力传感器安装装置

压下螺丝
部位3
螺母
部位1
上辊轴承座
下辊轴承座
部位2
压力传感器

维修比较困难,因为它要涉及到压下螺丝和螺母的拆装,因此采用这种方案时,对传感器的质量提出了更高的要求。从测定工作方便出发,传感器多装在第一种位置上。尤其是短期临时性测量,更是如此。

(2) 确定传感器的结构和外形尺寸(高度和宽度)。传感器的个体结构形式根据轧机类型、工作环境和工作时间而定。传感器的总高度应小于压下螺丝上抬极限位置到上辊轴承座上表面之间的距离。

(3) 传感器的防护。为保证传感器正常、持久地工作,传感器的结构设计还应考虑其防护装置,由于轧机形式不同,工作环境不同,故其防护侧重点也不同。例如,在设计初轧机用传感器时,重点是防转。一方面,要防止压下螺丝转动时,带动传感器旋转,绞断导线,从而破坏其正常工作;另一方面,要防止传感器内部的弹性元件与上盖、底盘之间相对移动,以免绞断导线和改变原来的接触条件,从而破坏了传感器的测定条件与标定条件的一致性。目前国内常用的防转有:

键槽式和宝塔式(见图 4-23)。

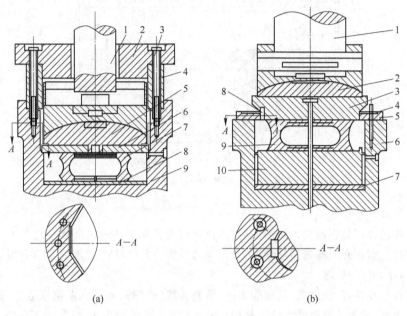

图 4-23 初轧机用传感器及其防转装置

(a) 950 初轧机用传感器装配图:
1—压下螺丝;2—法兰盘;3—螺栓;4—垫环;5—钢垫;
6—上盖板;7—弹簧元件;8—下垫板;9—上辊轴承座

(b) 1150 初轧机用传感器装配图:
1—压下螺丝;2—铜垫;3—上盖板;4—螺栓;5—法兰盘;
6—上轴承;7—底垫;8—键块;9—弹簧元件;10—下垫板

在设计型钢轧机用传感器时,重点是密封,常用的几种密封形式如图 4-24 所示。

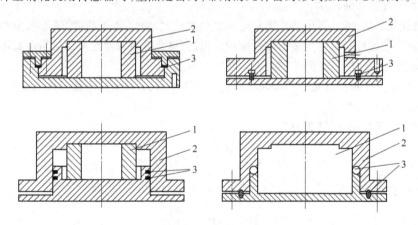

图 4-24 传感器常用的几种密封结构形式
1—弹性元件;2—上盖;3—密封圈

在设计热轧钢板轧机用传感器时,重点是防高温。通常采用带有循环水套的外壳,如图 4-25 所示。在底盘 1 和外面焊一个外罩 2,并经由波纹管 7 通水冷却。弹性元件 3 为一圆筒体,放在底盘 1 中,上盖 4 和底盘 1 用螺钉连接起来,并用两个橡胶密封圈 5 和 6 密封。

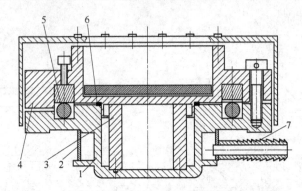

图 4-25   热轧机用压力传感器

1—底盘；2—外罩；3—弹性元件；4—上盖；5、6—密封圈；7—波纹管

B   弹性元件的设计

弹性元件的作用是将所测力转换成应变，再由应变片组成的电桥转换成电信号。它是传感器的关键部件。因此必须根据实际情况，合理地选择弹性元件材料、几何形状和尺寸。

a   对弹性元件的要求

弹性元件应线性好、强度高，过载能力强，重复性好，热膨胀系数和温度系数小，以保证传感器温漂小。为此，必须注意弹性元件材料的选择与加工。若轧制力不大（数十万牛顿），可选用中碳钢；若轧制力很大（数兆牛顿），一般选用合金结构钢、优质合金钢以及弹簧钢等，以取得较大的许用应力，提高传感器的灵敏度，减小弹性滞后。

对弹性元件应进行调质处理，其上下两个受力端面应磨削加工，表面粗糙度 R_a 为 0.8 以下，两端面平行度误差应小于 0.01 mm，以改善其接触条件。圆筒形弹性元件的同心圆误差应小于 0.01～0.02 mm。粘贴应变片的表面粗糙度应为 0.8～1.6。

b   弹性元件的几何尺寸

从测量性能看来，圆筒形比圆柱形具有良好的线性度、稳定性和精度，滞后也小。从贴片多少看来，圆筒形比圆柱形具有更多的贴片面积。因此，绝大多数弹性元件均采用圆筒形。对于圆柱形和圆筒形弹性元件，其主要几何尺寸为直径和高度。

弹性元件直径是根据轧机一扇牌坊承受的额定轧制力，并参考压下螺丝端头直径（应略小于或等于端头直径）确定的。

对于圆柱形弹性元件，其直径为

$$D \geqslant 2\sqrt{\frac{P_1}{\pi[\sigma]}} = 1.13\sqrt{\frac{P_1}{[\sigma]}} \tag{4-21}$$

对于圆筒形弹性元件，其外径应小于或等于压下螺丝端头直径，其内径为

$$d \leqslant \sqrt{D^2 - \frac{4P_1}{\pi[\sigma]}} \tag{4-22}$$

式中 d、D——分别为弹性元件的内、外直径；

P_1——轧机一扇牌坊承受的额定轧制力；

$[\sigma]$——弹性元件材料的许用应力。

确定弹性元件高度的基本原则，一是沿其横截面上变形均匀，以便如实反映出弹性元件的真实变形；二是要考虑到弹性元件的稳定性及动态特性等因素。弹性元件高度对传感器精度影响很大，因此，必须合理地确定其大小。

根据圣维南原理,当圆柱体高度与其直径的比值 $H/D \geqslant 1$ 时,则沿其高向中间断面上的应力状态和变形状态与其端面上作用的载荷性质和接触条件无关,这就排除了圆柱体端面上的接触摩擦和不均匀载荷以及偏心载荷对变形的影响。图 2-26 所示为在圆柱体中心施加集中载荷时,应变分布随高度变化。由图可见,圆柱体高度愈高,其截面上的应变分布愈均匀。在图 4-26 集中载荷作用下,当 $H/D = 2$ 时,其误差为 3%。因此,为了使弹性元件的贴片部位变形均匀,应使其高度与直径之比足够大,以取得较高的测量精度,一般应使 $H/D \geqslant 3$,其误差小于 0.1%。

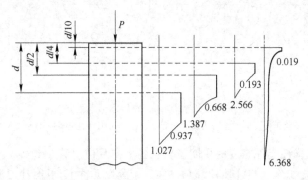

图 4-26　高度与应变的分布关系

另一方面,从弹性元件的稳定性看来,若弹性元件太高,其稳定性就差,这就降低了抗侧向力的效果,因此又希望它高度低一些好。

此外,从动态误差方面来考虑,为使误差小于 2% ～ 3%,则希望弹性元件的自振频率比被测载荷的最大频率高十倍。而弹性元件愈低,其自振频率愈高,因此也希望弹性元件高度低一些好。

综上所述,为了减小测量误差,并考虑到弹性元件的稳定性,弹性元件高度 H 应按下式选取:

$$对于圆柱体,取 \ H \geqslant 2D + l \tag{4-23}$$

$$对于圆筒体,取 \ H \geqslant D - d + l \tag{4-24}$$

式中　　l——应变片基长。

对于轧机而言,弹性元件高度主要受到其安装位置的约束,故 H/D 达不到上述要求。为了保证测量精度,多采用圆筒形弹性元件,以增加共名义高度。

c　组合式传感器

对于大压力值的传感器,有时即使采用圆筒形弹性元件,也不能满足 H/D 要求,因此不得不采用组合(多体)式传感器,如图 4-27 所示,以进一步提高 H/D 值,降低传感器高度。组合式传感器由若干直径小的分力弹性元件组成一个大型传感器。

根据分力弹性元件的数目,组合式传感器可由 3、4、5、9 个分力弹性元件组成。

组合式传感器的优点是高度低,H/D 大,承载负荷大。其缺点是要求机械加工精度较高,以保证所有的弹性元件高度都相同。

C　应变片的连接与组桥

a　应变片及贴片部位的选择

长期使用的传感器,要求性能稳定,蠕变小,故应选用胶基箔式应变片。若电桥为电压输出时,应选用大阻值应变片或多片串联,以便增大供桥电压,提高电桥灵敏度,同时也可降低长导线的影响。若电桥为电流输出时,应选用小阻值应变片或多片并联(注意应使电桥输出电阻与指示仪表内阻匹配),以便增大供桥电流,提高电桥灵敏度。

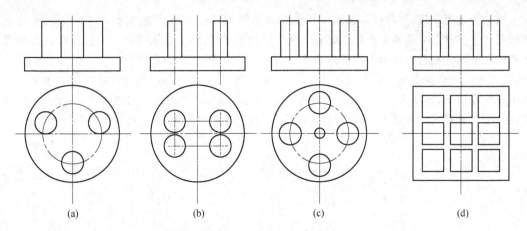

图 4-27　组合(多体)式传感器示意图

(a) 3 个分力弹性元件;(b) 4 个分力弹性元件;(c) 5 个分力弹性元件;(d) 9 个分力弹性元件

　　贴片部位应选在弹性元件高度的中间位置。各应变片应对称于弹性元件轴线均匀分布(见图 4-28)。一般地是把工作片与补偿片都贴在同一个弹性元件上,以便补偿温度的影响,同时,不仅纵向应变,而且横向应变都反映到输出信号中去,故提高了电桥灵敏度。

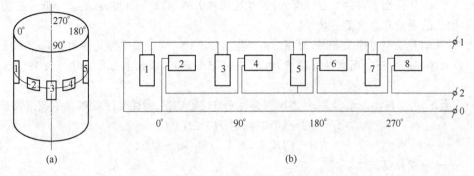

图 4-28　应变片的分布及其接线图

(a) 应变片的分布;(b) 接线图

　　对于圆筒形弹性元件,在其内外表面同时贴片,可取得灵敏度高、线性度好的效果。考虑到在外表面贴片方便,通常尽量把补偿片贴在圆筒形弹性元件的外表面上,如图 4-29 ~ 图 4-31 所示。

　　b　组桥方式

　　由于对传感器的要求不同,电桥的组桥方式也不相同。但其共同要求是能消除偏心载荷及温度的影响,并尽可能提高电桥灵敏度。而温度的影响又与电桥灵敏度有关,随着电桥灵敏度的提高,温度的影响相应地减小。此外,提高灵敏度,相应降低了长导线和噪声的影响,即提高了信噪比,故对提高测量精度有利。

　　c　桥臂上应变片的连接

　　实际上,电桥的每一个桥臂往往不是一枚应变片而是由多枚应变片串联、并联或复联组成的。

　　(1) 应变片串联。为了讨论简单起见,以半桥单臂工作为例。若电桥两臂分别由两枚应变片组成,$R_1 = R + R$,$R_2 = R + R$。设 R_1 臂工作,$\Delta R_1 = \Delta R' + \Delta R''$,则电桥电压输出为

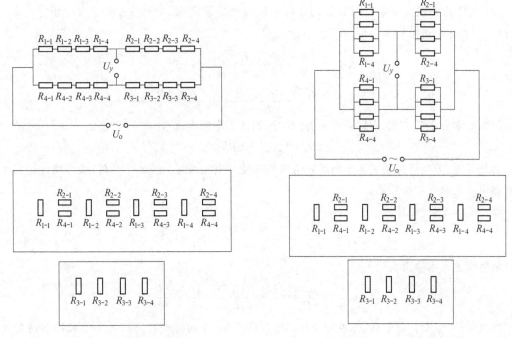

图 4-29 串联组桥法   图 4-30 并联组桥法

$$U_y = \frac{U_o}{4} \times \frac{\Delta R_1}{R_1} = \frac{U_o}{4} \times \frac{\Delta R' + \Delta R''}{R + R}$$

$$= \frac{U_o}{4} \times \frac{(\Delta R' + \Delta R'')/2}{R} \tag{4-25}$$

由上式可知,应变片串联后的电阻增量为$(\Delta R' + \Delta R'')/2$,即两枚应变片的电阻增量的算术平均值,起到对所测应变值取平均的效果。

若$\Delta R' = \Delta R'' = \Delta R$,则上式变为:

$$U_y = \frac{U_o}{4} \times \frac{\Delta R}{R}$$

由此可见,当供桥电压一定时,应变片串联后并不能使电桥输出增加,同样,也不能提高桥臂系数。但是,由于应变片串联后,桥臂阻值增加,通过应变片的电流减小,相应的发热量小。这样,在保证流过应变片的电流值不变的条件下,有可能提高供桥电压,使电桥输出增加。此外,串联还可以消除偏心载荷的影响。

若电桥为电压输出时,可用多片串联法,以便增大供桥电压,提高电桥灵敏度。

当桥臂为一枚应变片时,其电压输出为

$$U_y = \frac{1}{2} U_o (1 + \mu) K\varepsilon \tag{4-26}$$

当桥臂由四枚应变片串联组成(见图 4-29)时,在保持流过应变片的电流值不变的条件下,供桥电压可由U_o增大至$4U_o$,此时的电压输出为

$$U_y = \frac{1}{2} (4U_o)(1 + \mu) K\varepsilon = 2U_o (1 + \mu) K\varepsilon \tag{4-27}$$

比较以上两式可见,在通过每枚应变片的电流不变、受载情况相同的条件下,四枚串联比一枚时的电桥灵敏度提高四倍。

(2) 应变片并联。若电桥两臂分别由两枚应变片并联而成，$R_1 = \dfrac{R}{2}$，$R_2 = \dfrac{R}{2}$。设 R_1 臂工作，两枚应变片的电阻增量分别为 $\Delta R'$、$\Delta R''$，则

$$\Delta R_1 = \frac{(R + \Delta R')(R + \Delta R'')}{R + \Delta R' + R + \Delta R''} - R$$

$$= \frac{R^2 + \Delta R' R + \Delta R'' R + \Delta R' \Delta R''}{2R + \Delta R' + \Delta R''} - \frac{R}{2}$$

因为通常 $\Delta R < 1\% R$，所以可略去分母中的和分子中的高次项，则上式变为

$$\Delta R_1 = (\Delta R' + \Delta R'')/2$$

由此可知，应变片并联后的电阻增量为两枚应变片电阻增量的算术平均值，故并联也起到了对所测应变值取平均的效果。

若 $\Delta R' = \Delta R'' = \Delta R$ 时，则

$$\Delta R_1 = \frac{(R + \Delta R)(R + \Delta R)}{R + \Delta R + R + \Delta R} - R_1 = \frac{\Delta R}{2} \qquad (4\text{-}28)$$

则电桥的电压输出为

$$U_y = \frac{U_o}{4} \times \frac{\Delta R_1}{R_1} = \frac{U_o}{4} \times \frac{\Delta R/2}{R/2} = \frac{U_o}{4} \times \frac{\Delta R}{R}$$

由此可见，应变片并联后，每枚应变片的电压降不变，因而应变片通过的电流和发热情况均未改变，无法提高桥压，因此并联也不能增加电桥输出和提高桥臂系数。但是，由于并联后，桥臂的等效电阻降低了，因此通过桥臂的总电流增加，从而使电桥的电流输出增加。

若电桥为电流输出时，可用多片并联组桥法，以便增大桥臂电流，提高电桥灵敏度。

当桥臂为一枚应变时，其电流输出为

$$I_y = \frac{1}{2} I(1 + \mu) K\varepsilon \qquad (4\text{-}29)$$

式中　I——桥臂电流。

当桥臂由四枚应变片组成（见图 4-30）时，在保持每枚应变片的电流不变的条件下，桥臂电流可由 I 增大至 $4I$，此时电流输出为

$$I_y = \frac{1}{2}(4I)(1 + \mu) K\varepsilon = 2I(1 + \mu) K\varepsilon \qquad (4\text{-}30)$$

比较以上两式可见，在通过每枚应变片的电流不变，受载情况相同的情况，四枚并联应变片比一枚时的电桥灵敏度提高四倍。

(3) 应变片的复联。如前所述，串联将增加电桥电阻，并联减小电桥电阻。为了维持电桥与测量仪表的阻抗匹配条件，同时采用又串又并（复联）组桥法来维持电桥的等效电阻不变（图 4-31）。需要指出，应变片的串联、并联和复联，有时并不仅仅是为了提高电桥输出，而且也是为了能将较多的应变片粘贴在弹性元件周围，以测得其平均应变值，从而减小因弹性元件受力不均所造成的测量误差。

D　传感器的标定和精度检验

在正式测定之前，通常是在材料试验机或专用压力机上对传感器进行标定。所谓标定，即是用已知的一系列标准负荷作用在传感器上，以便确定出一系列标准负荷与其输出信号（电流、电压或示波图形高度）之间的对应关系，以此关系来度量传感器所承受的未知负荷大小。

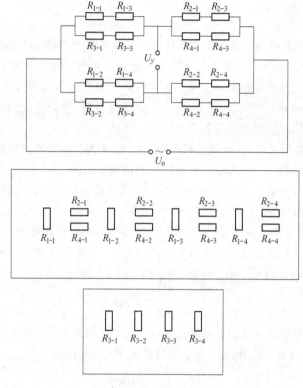

图 4-31 复联组桥法

a 标定方法

模拟传感器在现场的受力情况,首先将传感器在零载和满载(额定载荷)之间反复加载多次(至少三次),以消除传感器各部件之间的间隙和滞后,改善其线性。然后再用示波器振动子或直流电表等做正式标定记录。标定时,载荷自零点开始逐级加到满载,记录下各已知的标准载荷所对应的振动子光点高度或电流值,如图 4-32 所示,这样,从零载到满载至少重复三次,以取其平均值作为标定数据。最后,根据标定数据给出传感器的标定曲线,如图 4-33 所示。标准载荷与输出信号之间呈直线变化关系,称为线性(图中的直线 1);反之,呈现曲线变化关系的,称为非线性(图中的曲线 2)。

在传感器标定前后,应该打电标定,即用仪器上的电标定装置把应变仪的放大记录率记录在示波图上,以便实测时随时校核仪器的工作状态,使其保持在与标定时相同

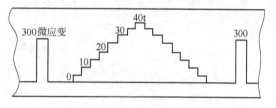

图 4-32 传感器标定示意图

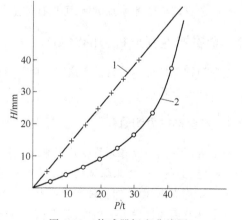

图 4-33 传感器标定曲线图

的工作状态下进行测量。

　　b　标定时的注意事项

　　(1) 传感器的加载条件应力求和实测条件一致。将实测时用到的全部附件(例如球面垫等)都要加上标定,最好用一个与压下螺丝端头形状一致的标定垫模拟压下螺丝。

　　(2) 仪器工作状态应力求和实测时相同。这一点对于使用动态电阻应变仪测量时尤为重要。要求标定和实测时使用同一套仪器,例如,应变仪的通道号数、放大倍数(衰减挡、灵敏度)、示波器振动子号数、连接导线、供桥电压等都应相同,否则标定结果无效。

　　(3) 正式记录前应反复加载(至额定载荷)、卸载 3～5 次。标定时应将额定载荷分成若干个梯度,每一个梯度载荷要稳定 1～2 min,以便读取和拍摄输出值。

　　(4) 在相同环境和加载条件下,将传感器旋转几个角度,以测量其重复性。

　　c　精度检验

　　对传感器而言,通常用线性度、滞后和重复性三项指标来表示其精度。

　　(1) 线性度　传感器的线性度一般用非线性误差表示,即实际的工作特性曲线与理想的线性特性曲线的偏离程度。通常以最大移量 $\Delta_{\max}$ 与额定输出值 S_H 的百分比值表示,即

$$\delta_1 = \pm \frac{\Delta_{\max}}{S_H} \times 100\%$$

　　(2) 滞后　传感器的滞后是指传感器的加载特性曲线与卸载特性曲线的偏离程度。通常以加载和卸载特性曲线的最大差值 H 与额定输出值 S_H 的百分比表示,即

$$\delta_2 = \pm \frac{H}{S_H} \times 100\%$$

　　(3) 重复性　传感器的重复性是指传感器在相同的环境和相同加载条件下,重复加载多次。由于每次加载曲线未必能完全一致,其中最大差值 ΔS 与额定载荷输出值 S_H 之比的百分数称为重复性误差,即

$$\delta_3 = \pm \frac{\Delta S}{S_H} \times 100\%$$

　　在采用上述三项指标的场合下,为了用一个单一的数值表示传感器精度,习惯上用三者的平方和的平方根值作为折合的精度值,即

$$\delta = \sqrt{\delta_1^2 + \delta_2^2 + \delta_3^2} \tag{4-31}$$

此外还有其他精度检验指标,可根据传感器的用途选择具体检验项目。

4.3　金属塑性变形抗力的测量

　　金属塑性变形抗力的测量方法有拉伸、压缩和扭转等三种。其中使用最广的是压缩法,它能得到较大的变形程度。

4.3.1　热变形抗力测量

　　目前常用的试验设备为凸轮式高速形变机,其主要特点是在压缩过程中,保持变形速度恒定(靠专门设计的凸轮表面来保证的),于是力只是变形程度的函数,因此,只要记录变形过程中,力与变形的变化规律,便可知各种变形条件下的变形抗力。

　　压缩试验用的试样为圆柱体,其高度与直径之比一般为 $H/D = 1.2～1.5$。直径取决于试验机的能力大小。

要使试样变形均匀,必须减小试样与工具表面之间的接触摩擦。为此在试样的上下两个端面上刻成同心圆小槽或加工成凹槽,并在凹槽中充满玻璃粉作为高温润滑剂,这样可使端面上的摩擦减小到可以忽略不计的地步,因而试样处于单向应力状态下变形。从压缩过的试样外形来看,可使变形程度达到 60% ,仍保持圆柱形,而不出现鼓形,说明变形是均匀的。

4.3.2 冷变形抗力测量

冷变形抗力的测量方法是采用平面应变压缩试验,如图 4-34 所示,将薄板放在两个平行的平面压板之间进行压缩。由于压板宽度 b 与薄板长度 l 相比很小,因此处于压板两边不受压缩的金属将阻止压板下面的金属在板宽方向扩展。又由于薄板很薄,宽展很小,所以可以认为材料处于平面应变状态。

为了测定试样在压缩过程中的受力和变形,可采用如下两种方法:一是直读法,即在材料试验机的指示盘上读出载荷,同时在千分表上读出上压板的压下量;二是电测法,即把载荷和压下量变换为电信号,用 $X\text{-}Y$ 函数记录仪把二者的函数关系记录下来,如图 4-35 所示。

为了减少试样与压板之间的摩擦,使用鳞状石墨粉和变压器油的混合剂(各占 50%)较为理想。它可使摩擦对变形抗力的影响减小到 5% 以内,甚至更小。

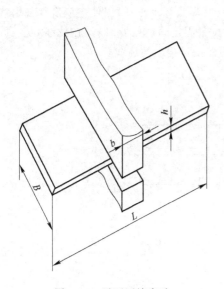

图 4-34 平面压缩实验

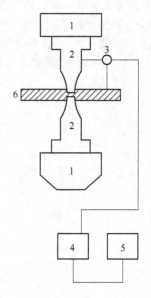

图 4-35 电测方框图
1—材料实验机;2—上、下液压板;3—电感千分表;
4—电阻应变仪;5—$X\text{-}Y$ 记录仪;6—试样

4.4 扭矩的测量

扭矩测量的主要问题,是解决其应变信号传递问题。因粘贴在旋转轴上的应变片和导线将随着轴一起转动,而测量仪器是固定的,因此需要一种专门的装置把应变信号从旋转轴上引出传送给固定的测量仪器,供放大、显示或记录。这种装置叫做集电装置。

集电装置可分为三种:拉线式、电刷式和水银式。下面重点介绍前两种形式。

4.4.1　对集电装置的技术要求

拉线式和电刷式集电装置主要由两部分组成:一部分与转轴上应变片的引出线连接,随旋转轴转动,称为滑环或集流环;另一部分与固定的测量仪器连接,称为接线或电刷。

为了保证准确地传递转动轴上的信号,滑环应满足下列技术要求:

(1)滑环各滑道与电刷(接线)之间的接触电阻应尽量小。因为接触电阻大,其结果是降低了供桥电压,并加大了输出电表内阻,使输出电流减小,降低了灵敏度。

(2)接触电阻应尽量保持稳定,即其变化应尽量小,否则将使电桥输出值波动。接触电阻的剧烈变化将会使测量仪表的指针明显摆动或在波形曲线上出现毛刺。

(3)滑环各滑道与旋转轴之间要有良好的绝缘,其绝缘电阻不得小于 20 MΩ。

(4)滑道与电刷的摩擦温度要小,以免在线路中产生热电势,造成测量误差并降低绝缘电阻。

(5)结构简单,制造和安装方便。

4.4.2　拉线式集电装置

拉线式集电装置结构如图 4-36 所示,用螺栓 9 把两个半圆形滑环 4(由胶木或尼龙制成)固定在转轴 1 上,并随之转动。在滑环的外层有三至四条沟槽(根据半桥或全桥而定),槽中嵌有铍青铜或黄铜带 5。铜带两端固定在滑环的两个剖分面上,其端头焊上导线,以便与应变片 2 引线 3 连接。拉线 6 置于滑环之上,并经绝缘子 7、用弹簧 8 拉紧固定,仪器的导线焊在拉线 6 上,即可将电信号由拉线 6 引至固定的测量仪器。拉线多采用裸铜丝编织的扁线。

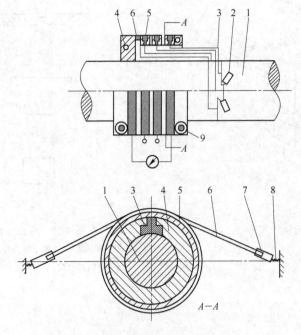

图 4-36　拉线式集电装置

1—转轴;2—应变片;3—引线;4—滑环;5—黄铜带;6—拉线;7—绝缘子;8—弹簧;9—螺栓

拉线的包角视轴径而定,一般在 30°～90°之间。包角太小,接触不良;包角太大,磨损快,因摩擦生热甚至局部熔化而造成接触表面不平。

拉线的张力大小要适当,过小时,拉线与滑道接触不好;过大时,拉线磨损快。

拉线式集电装置结构简单,制作方便,成本低,使用效果好。适用于线速度不太高、短期测试使用的场合,目前这是现场测试中应用最广的一种。

4.4.3 电刷式集电装置

这种集电装置可分为径向电刷式与侧向电刷式两种。

径向电刷式集电装置,如图 4-37 所示,在轴 2 上安装用绝缘胶木(或尼龙)做成的滑环 1,在其四个槽内镶有铜环 3,其上为电刷 4,用弹簧片 5 把它压紧在铜环上。在轴上粘贴应变片 7,组桥引线 6 分别焊在四个铜环上。当电桥有信号输出时,通过铜环和电刷可以将轴上的信号传递到应变仪上。

径向电刷在滑环上的配置,如图 4-37 和图 4-38 所示,通常把电刷切向安置在滑环上,并用弹簧压紧。径向电刷式集电装置的结构简单,使用方便,但接触电阻不稳定,所以,只适用于转速低、精度要求不高的场合。

侧向电刷式集电装置,如图 4-39 所示,电刷与滑环的侧面相接触,故对滑环的偏心量要求不像径向电刷式那样苛刻。

为了保证电刷与滑环接触良好,减小其滑动接触电阻,在每一条滑道上应配置 2～4 个电刷,

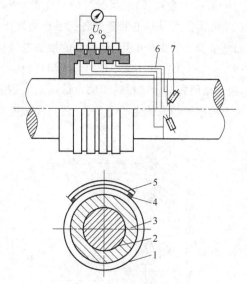

图 4-37 电刷式集电装置
1—滑环;2—轴;3—铜环;4—电刷;
5—弹簧片;6—引线;7—应变片

如图 4-39 所示,以防由于集电装置振动、偏心等影响电刷接触。各电刷要并联,以减小接触电阻。

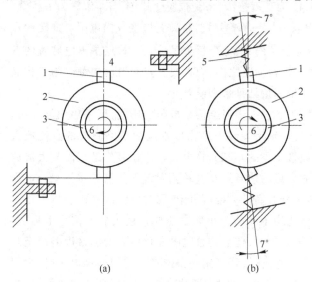

(a)   (b)

图 4-38 电刷在滑环上的配置情况
1—石墨电刷;2—滑环;3—绝缘层;
4—压紧螺钉;5—压紧弹簧;6—轴

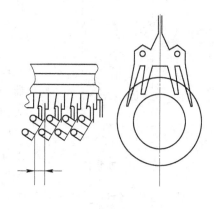

图 4-39 侧向电刷式集电装置

电刷材料多用石墨与银制成,亦可用铍青铜片。电刷应固定在电刷架上,电刷架则可固定在被测转动轴附近的刚性构件上。

4.4.4　采用集电装置时的组桥

若用四枚应变片贴于被测轴上,则可组成半桥和全桥电路。

图 4-40 为全桥接法,将受拉应变片 R_1、R_3 与受压应变片 R_2、R_4 分别接在电桥的两对相对臂上。此法优点是集电装置的各接触点均处于电桥之外。接触电阻 r_B、r_D 串联在供桥端,只影响加到电桥上的供桥电压,但滑环的接触电阻相对于电桥的电阻是很小的,故对供桥电压的影响很小。r_A、r_C 接在输出端 AC 的两个滑环,相当于把接触电阻 r_A、r_C 串联在输出端的负载上,同样,接触电阻相对于电桥输出的负载电阻也是很小的,所以对电桥输出的影响也非常小。测量传动轴上的扭矩都采用全桥电路,以消除接触电阻的影响,提高测试精度。

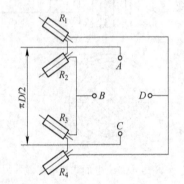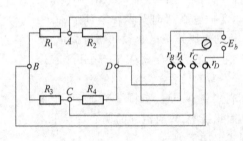

图 4-40　全桥接法

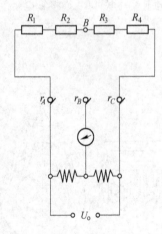

图 4-41　半桥接法

图 4-41 为半桥接法,将受拉应变片 R_1、R_2 串联为一桥臂,R_2、R_4 串联为另一桥臂,另二桥臂为应变仪内电阻。此法优点是滑环只需三条滑道,比全桥少了一条。缺点是集电装置的各接触点处于电桥回路之内,而各接触点的滑动接触电阻变化又不相等,将给测量结果带来误差。

此外,为了进一步消除接触电阻的影响,可采用预放大法。即在被测传动轴上安装一个由线性集成电路制成的直流放大器(电路原理图见图 4-42),将电桥输出信号先经直流放大器放大,再将放大后的信号经集电装置引至记录器直接记录。这样电桥与放大器之间没有接触电阻,同时电桥的平衡机构也设在电桥内,使之均不受接触电阻的影响。放大后的信号很强,再经集电装置输出时,使得接触电阻变化引起的测量误差减至最低限度。此法优点可使滑道数目减少,若用干电池时,则可用一条滑道。若用外接电源时,再用两条滑道。缺点是温漂较大,要求环境温度变化要小。此外,调整电桥平衡时,需停机进行,影响生产。

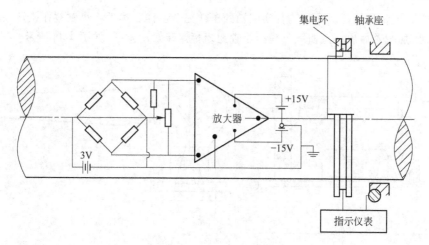

图 4-42　直流放大原理图

4.4.5　扭矩的标定

扭矩的标定就是在所测轴上施加已知标准力矩,以求得电桥输出与力矩之间的关系,称标定方程或标定曲线。标定方法有直接标定与间接标定两类。

4.4.5.1　直接标定

在现场对所测轴施加已知力矩,对于小轴,可把接轴一端卡住,另一端固定一根杠杆,在杠杆端部逐渐加砝码。对于大轴,可用吊车来盘轴,在吊车提升机械上安装一个测力计,以得到所施加的力矩值。扭矩直接标定示意图见图 4-43。这种标定法准确,但是,往往由于现场条件不允许进行直接标定,故多采用间接标定。

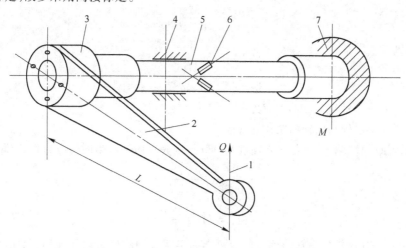

图 4-43　扭矩直接标定示意图
1—已知力;2—力臂;3—联轴节;4—径向支承;5—被测轴;6—应变计;7—人为固定端

4.4.5.2　间接标定

间接标定法有模拟小轴法和电标定法(并联电阻法及应变仪给定应变法)。

A　标定小轴法

做一个直径为实测轴直径 $1/Q$、材质相同的小轴,在小轴上贴片,要求应变片性能、贴片工艺、组桥方法、测量仪器以及导线均与实测轴的条件完全一样。然后将小轴放在扭转试验机上或加载支架上,加载并做出标定曲线。模拟小轴扭矩标定装置示意图,如图 4-44 所示。

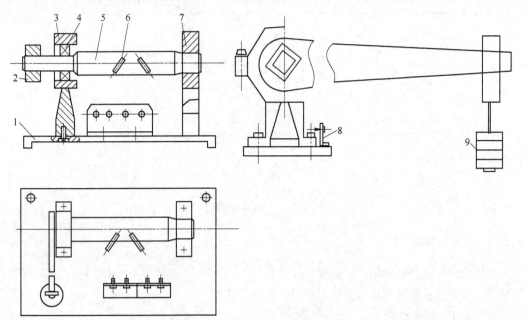

图 4-44　模拟小轴扭矩标定装置

1—底板;2—臂杆;3—轴承;4—轴承座;5—小轴;6—应变片;7—防转支座;8—接线板;9—砝码

根据扭转强度计算公式,对小轴施加已知扭矩,则得

$$\tau_{标} = \frac{M_{标}}{0.2d^3}$$

对实测轴为

$$\tau_{测} = \frac{M_{测}}{0.2d^3}$$

式中　$\tau_{标}$、$\tau_{测}$——小轴与大轴的切应力;

　　　　d、D——小轴与大轴的贴片处直径。

当两轴测试条件、输出值(如光点高度)相同时,则表示两轴产生的切应力相等,即

$$\frac{M_{标}}{0.2d^3} = \frac{M_{测}}{0.2d^3}$$

所以　　　　　　　　　　　$M_{测} = M_{标}\left(\frac{D}{d}\right)^3$ 　　　　　　　　　　(4-32)

实际应用上式时,模拟小轴的标定曲线可作为实测大轴的标定曲线使用,只是将 $M_{标}$ 乘以 $(D/d)^3$,即为 $M_{测}$。或者根据标定曲线找出标定系数 K_m(标定扭矩 $M_{标}$ 与光点高度 S 之间的比例关系),求出 $M_{测}$:

$$M_{测} = K_m \cdot S_m \left(\frac{D}{d}\right)^3$$ 　　　　　　　　(4-33)

式中　K_m——标定系数;

　　　　S_m——实测光点亮度。

B 关联电阻法

在选定的某桥臂上并联一个固定电阻 R_x,其值是按给定应变计算的。关联后测出相应的光点高度,它即代表给定的应变值曲线。

根据式(4-10)

$$M_标 = 0.2D^3 \frac{E}{1+\mu} \varepsilon_{给定}$$

$$M_测 = K_m \cdot S_m \tag{4-34}$$

R_x 的求法:当 R_x 并接桥臂后,该臂阻值由 R 变为 $\frac{R_x \cdot R}{R_x + R}$,故

$$\Delta R = R - \frac{R_x \cdot R}{R_x + R} = \frac{R_x}{R_x + R}$$

等式两端同除以 R,得

$$\frac{\Delta R}{R} = \frac{R}{R_x + R}$$

$$R_x + R = \frac{R}{\Delta R / R} = \frac{R}{K \varepsilon_{给定}}$$

$$R_x = \frac{R}{K \varepsilon_{给定}} - R \tag{4-35}$$

当 R、K 和 $\varepsilon_{给定}$ 给出以后,R_x 即可算出。

为使其等效于传动轴上电桥的输出,全桥接法时:

$$R_x = \frac{R}{4K \varepsilon_{给定}} - R \tag{4-36}$$

半桥接法时

$$R_x = \frac{R}{2K \varepsilon_{给定}} - R \tag{4-37}$$

式中　　R——桥臂阻值;

　　　　K——应变片灵敏系数。

在现场使用此法方便,标定精度也较高,但必须正确选取 E 和 μ 值。标定时将固定电阻 R_x 并联在滑环处,这样可以不计导线的影响。实际测量时,往往先给定 R_x,再求 $\varepsilon_{给定}$。

C 应变仪给定应变法

凡是带有标定装置的应变仪都可使用此法。但仪器给定的应变值是按标准阻值 120 Ω,灵敏系数 $K=2$ 和短导线设计的,因此必须加以修正,修正后的应变值为

$$\varepsilon_n = \frac{\varepsilon_{给定} \cdot K_0}{K_n \cdot K_r \cdot K_l} = K \cdot \varepsilon_{给定}$$

式中　　$\varepsilon_{给定}$——仪器给定应变值;

　　　　K_0——仪器设计灵敏系数,一般 $K_0 = 2.0$;

　　　　K_n——实测用应变片灵敏系数;

　　　　K_r——应变片阻值与标准阻值不同时的修正系数(查应变仪说明书);

　　　　K_l——导线过长时修正系数(查应变仪说明书);

　　　　K——总修正系数。

此法与关联电阻法原理相同,也是用一臂标定,为使其与四臂工作时等效,当全桥时必须取 $\varepsilon_n / 4$。并用相同方法计算 $M_测$。

若现场没有其他标定条件时,可使用此法,但修正计算繁杂。

4.5　其他力参数测量

4.5.1　轧件张力测量

在带卷式的板带生产中大都采用带张力的轧制方法。这是由于张力对稳定轧制过程有利。但轧制时应注意严格地保持张力恒定,否则,由于张力的变化将引起轧制力发生相应的波动,使轧件产生纵向厚度不均。因此精确测量张力是保证板带轧制合理操作的一个重要基础。也是轧机实现自动控制的一个前提。

张力测量首先是通过张力辊和导向辊将张力转换成张力辊的压力,然后由张力传感器测出,最后按力三角形计算出张力大小。

4.5.1.1　单机座可逆式冷轧机张力测量

由图 4-45 可见,带钢 1 从轧辊 2 出来后,通过张力辊 3 和导向辊 4,再由卷筒 5 卷取。带钢 1 经过张力辊 3 时,对张力辊 3 产生包角 2α(其大小取决于导向辊 4 和张力辊 3 之间的相对位置,而与卷筒 5 的卷取直径变化无关),于是有一个张力的合力 Q 作用在张力辊上。因此,在张力辊轴承座(或支架)下面安装张力传感器 6,即可测出 Q 值,再由 Q 值推算出张力 T 值。

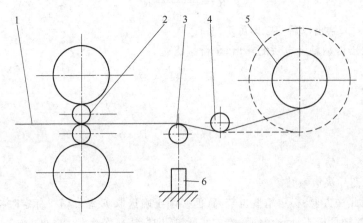

图 4-45　张力测量示意图
1—带钢;2—轧辊;3—张力辊;4—导向辊;5—卷筒;6—张力传感器

A　用一个张力传感器测量张力

在张力辊 3 的支架 7 下面安装一个张力传感器 6[见图 4-46(a)]。若张力传感器倾斜安装[见图 4-46(b)],由张力传感器测出压力 Q,则带钢 1 的张力 T 为

$$T = \frac{Q}{2\cos\alpha} \tag{4-38}$$

若张力传感器垂直安装[见图 4-46(c)],由张力传感器测出压力 F,则得张力 T 为

$$T = \frac{Q}{2\sin 2\alpha} \tag{4-39}$$

B　用两个张力传感器测量轧制力

在张力辊 3 左右两端轴承座下面各装一个张力传感器 6[见图 4-47(a)],两个传感器测得的压力分别为 $Q_{左}$ 和 $Q_{右}$。

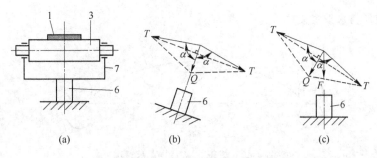

图 4-46 张力辊受力分析之一

(a) 张力测量示意图;(b) 传感器倾斜安装;(c) 传感器垂直安装

1—带钢;3—张力辊;6—张力传感器;7—支架

若两个张力传感器倾斜安装[见图 4-47(b)],则得带钢 1 的张力 T 为

$$T = T_左 + T_右 = \frac{Q_左 + Q_右}{2\cos\alpha} \tag{4-40}$$

若两个张力传感器垂直安装[见图 4-47(c)],则得张力 T 为

$$T = T_左 + T_右 = \frac{F_左 + F_右}{2\sin\alpha} \tag{4-41}$$

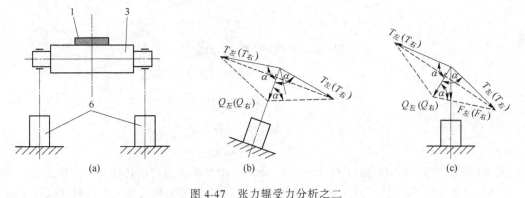

图 4-47 张力辊受力分析之二

(a) 张力测量示意图;(b) 传感器倾斜安装;(c) 传感器垂直安装

1—带钢;3—张力辊;6—张力传感器

4.5.1.2 连轧机张力测量

A 用三辊式张力测量装置测张力

在工业轧机上,常采用三辊式张力测量装置(图 4-48)。为了使张力方向固定,需使轧件抬高,脱离轧制线,并保持一定的斜度。为此采用三个辊子,在张力辊 1 的轴承座下面安装张力传感器 4,导向辊 2 和 3 保持 α 角不变,由张力传感器 4 测出轧件对张力辊的压力然后再换算出张力。

B 由活套支撑器连杆转角测量张力

对于热轧带钢连轧机,两架连轧机之间的活套支撑器把带钢挑起(见图 4-49),并与轧制线形成 φ 和 θ 角

$$\left.\begin{array}{l} \varphi = \arctan\dfrac{l\sin\beta}{a + l\cos\beta} \\[3mm] \theta = \arctan\dfrac{l\sin\beta}{b - l\cos\beta} \end{array}\right\} \tag{4-42}$$

式中　　β——连杆与水平线夹角。

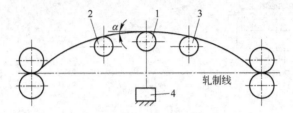

图 4-48　三辊式张力装置示意图
1—张力辊；2、3—导向辊；4—传感器

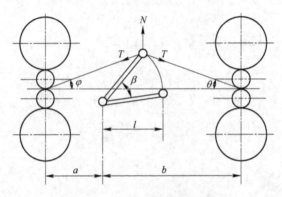

图 4-49　活套支撑器受力简图

连杆上的扭矩 M 为

$$M = N \cdot l\cos\beta = T \cdot l(\sin\varphi + \sin\theta)\cos\beta \tag{4-43}$$

所以带钢张力 T 为

$$T = \frac{M}{l(\sin\varphi + \sin\theta)\cos\beta} \tag{4-44}$$

将式(4-42)代入式(4-44)得 $T = f(M, \beta)$。由于支撑器电机是在堵转状态下工作的，因此，当稳定时，转动力矩等于堵转力矩(M = 常数)，所以 T 只取决于 β，即可用支撑器转角大小来测量张力大小。转角的大小可用电位器或自整角机测量。

4.5.2　挤压力测量

挤压力可以用液压法、机械法和电测法测量。液压法利用液体传递压力，按液压表上读数算出总压力。机械法是直接用百分表读出测力传感器的微小弹性变形。以上两种方法只能读出挤压力的最大值，而不能显示出挤压过程中的压力变化。为了研究挤压过程中的压力变化，通常采用电测法。

4.5.2.1　应力法

在挤压机立柱上直接粘贴应变片，组成电桥测量(方法与本章 4.2 节轧制力测量相同)。

4.5.2.2　传感器法

如图 4-50(a)所示，在挤压模 3 和模座 1 之间，或者在挤压杆 6 和活塞 8 之间安装传感器 2 或 9。传感器结构如图 4-50(b)所示。

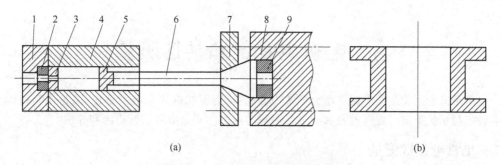

(a)   (b)

图 4-50　用传感器法测挤压力示意图

(a) 测挤压力示意图;(b) 传感器结构图

1—模座;2、9—传感器;3—挤压模;4—积压桶;

5—挤压垫;6—挤压杆;7—锥形环;8—活塞

4.5.3　拉拔力测量

4.5.3.1　管棒型线材的拉拔力测量

(1) 应力法。在拉拔小车的钳子上粘贴应变片,组成电桥测量。

(2) 传感器法。在拉模 3 和模座 4 之间安装传感器 2 测量,如图 4-51(a)所示。

4.5.3.2　芯棒轴向力测量

拔管时芯棒轴向力通常是在芯棒尾部和芯棒座 6 之间安装传感器 7[见图 4-51(a)]进行测量。传感器的结构如图 4-51(b)所示。

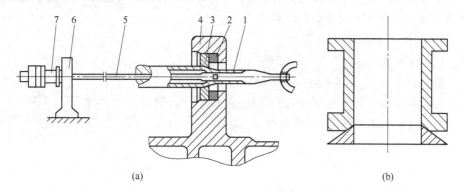

(a)   (b)

图 4-51　用传感器法测量拉拔力示意图

(a) 测拉拔力示意图;(b) 传感器结构图

1—钢管;2—传感器;3—拉模;4—模座;5—芯棒;6—芯棒座;7—传感器

思　考　题

4-1　什么是应力,应力的测量方法有哪些? 试分别说明。

4-2　什么是轧制压力,简述测量轧制压力的方法。

4-3　简述电阻应变式传感器的设计内容。

4-4　怎样测量金属塑性的变形抗力?

4-5　什么是标定,扭矩怎样标定,试分别说明。

4-6　怎样测量轧件张力,测量张力有何意义?

5　电机电参数和转速测量

电机是冶金工业生产中提供动力最常用的设备,随着轧机的日趋大型化、高速化和连续化,对电机控制系统提出了更高的要求。因此需要对电机的相关参数进行检测和控制。

5.1　电机电参数测量

电机中的电量主要有电压、电流、电功率等。一般情况下,电机中电量的测量主要是指50 Hz、正弦波形的电压、电流及功率等的测量。随着电力电子变流装置广泛应用于电机控制领域,电力电子器件的应用使电机电流或电压成为非正弦波形,用普通指示式仪表测量时,测量的准确度大大降低。在电机控制系统使用中往往需要了解电流或电压的波形、副值、有效值或平均值;不仅需要了解电机稳态运行时的情况,还常常需要了解电机电流、电压随时间变化的动态过程。这些情况下的测量工作,一般电工测量仪表是难以胜任的,此时采用示波器进行测量。

5.1.1　直流电机电压、电流的测量

近年来,电力电子技术广泛应用于电机控制领域,电力电子器件的应用使电机的电流或电压成为非正弦波形,用普通指示式仪表测量时,测量的准确度大大降低。在电机控制系统中往往需要了解电流或电压的波形、幅值、有效值或平均值等;不仅需要了解电机稳态运行时的情况,还常常需要了解电机电流、电压随时间变化的动态过程。这些情况下的测量工作,一般电工测量仪表是难以胜任的,而是采用示波器进行测量。

5.1.1.1　示波器振子测量法

A　电压的测量

电压信号由电枢 C、D 两端引出,其测量电路如图5-1所示,电阻 R_1 为振子限流电阻,R_2 为附加限流电阻。

根据振子满幅记录及其安全性来选择 R_1 及 R_2:

$$R_1 = \frac{U_{max}S_i}{Y_{max}} \quad k\Omega \qquad (5-1)$$

令

$$R_1 + R_2 = \frac{U_{max}S_i}{0.8Y_{max}} = \frac{R_1}{0.8}$$

所以

$$R_2 = \frac{1}{4}R_1$$

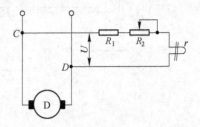

图 5-1　振子记录直流电压原理图

式中　U_{max}——最大电枢电压,V;

　　　S_i——振子说明书中给出的振子直流电流灵敏度,mm/mA;

　　　Y_{max}——振子说明书中给出的光点最大线性偏转量,mm。

测量线路需通过标定才能确定其标定特性曲线。图5-2为电压标定方法,即原测定线路输入端并接一只0.5级的电压表读取 $U_{标}$ 值。标定时给某一组稳定电压作为 $U_{标}$,同时记录的光点的相应偏移量 $Y_{标}$,于是可得到电压比例系数 μ_U:

$$\mu_U = \frac{U_{标}}{Y_{标}} \quad V/mm \qquad (5-2)$$

再把实测时从示波器图上得到的振子光点高度 $h_测$ 乘以 μ_U,即可得到所测电压值 $U_测$,即

$$U_测 = \mu_U \cdot h_测 \tag{5-3}$$

另外在测量较高电压时,常采用电阻分压器或电容分压器,图 5-3(b) 是用电容分压器测量较高电压的原理接线图。

B　电流的测量

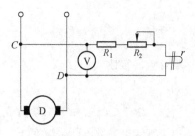

图 5-2　电压标定电路图

由于主机容量一般都比较大,因而常采用分流器 (FL) 来测量较大的直流电流。分流器为一阻值极小、功率很大用较低电阻温度系数金属材料制造的电阻元件,如图 5-3(a) 所示。一般分流器上都印有额定电流从几十安[培]到几千安[培]及对应的电位差值(毫伏)一般为 75 mV、150 mV、300 mV 等。分流器的电流端串接到被测线路中,电压端接一只磁电毫伏表,当有电流流过时,两端产生电位差,该电位差值与流过其中的电流值成正比。因此可以说,电流的测量被转化为分流器两端电位差的测量。

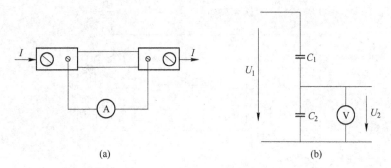

(a)　　　　　　　　　　(b)

图 5-3　分流器与分压器

(a) 分流器;(b) 分压器

测量信号由分流器 A、B 点引出,其测量线路如图 5-4 所示。显然,振子光点的偏转量 Y_i 与分流器两端电位差成正比。由于分流器的输出信号比较弱,故限流电阻 R_1 很小,甚至可以省略,R_2 一般为几十欧。

为了确定其标定特性曲线,多采用图 5-5 所示的电流标定线路。标定时,将测量回路 A、B 两点从分流器上脱开,按图 5-5 接入由电源 E、可变电阻 R_3、R_4 组成的模拟分流器的 A'、B' 两点。由 0~75 mV 给定一组毫伏数,并同时记录振子相应偏转量 $Y_标$。可得标定曲线斜率。

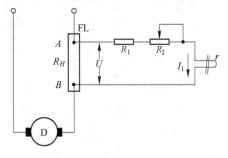

图 5-4　振子记录电流电路图

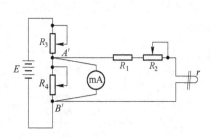

图 5-5　电流标定电路图

$$\gamma = m\,\frac{U_{标}}{Y_{标}}\quad \text{mV/mm} \tag{5-4}$$

设分流器特性
$$m\,\frac{I_H}{U_H} = \beta\quad \text{A/mV} \tag{5-5}$$

则
$$I_{测} = \beta \cdot \gamma \cdot h_{测} \tag{5-6}$$

5.1.1.2　直流电参数测量特点

由于直流电参数不能采取变压器原理进行电位隔离,一般情况下,测量线路与主回路直流接通,因而将直流高电位引入测量线路。特别是在一台示波器上同时记录电压、电流的场合,如果电压振子与电流振子不是接在同电位时,如图5-6所示。图中 C、A、B 处于同电位,D 点电位等于电枢端电压 U,因此 r_u 与 r_i 之间的电位差等于 U。当 U 大于振子的耐压值时,极易发生振子间因击穿短路而跳火的现象,造成设备事故。

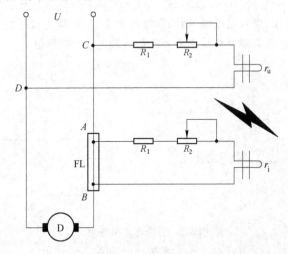

图 5-6　两振子间不等电位产生击穿现象

所以在直流电参数测定中,应该在测量仪器与供电系统之间设置某种隔离环节,将直流高电位予以隔离。各类直流电压、电流变送器就是用于供电系统中,隔离输入与输出的中间环节。

5.1.1.3　变送器测量法

A　直流电压变送器

直流电压变送器如图5-7所示,分压器是将直流电压分压,取出部分经调制器调制后输入放大器。调制器将输入的直流电压调制为交流信号,以便进行交流放大。放大器工作原理基于自激振荡式调制放大器,将放大后的交流信号经隔离变压器输入检波器,再经电容滤波还原成输入信号波形。

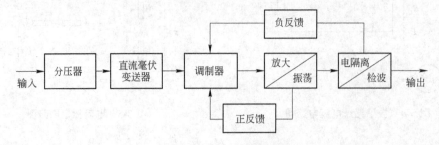

图 5-7　直流电压变送器原理方框图

　　根据以上分析可知,电隔离的基本原理是,由于将直流信号调制成交流信号,就可以采用能隔离直流电位的变压器进行电隔离传输信号,从而达到电隔离的目的。

　　B　直流电流变送器

　　直流电流变送器的原理,如图 5-8 所示。它的基本工作原理是:由一台直流毫伏变送器将分流器上引出的微弱信号放大到伏特级,然后用一台直流电压变送器进行电隔离输出。

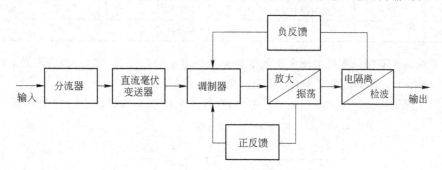

图 5-8　直流电流变送器原理方框图

　　直流毫伏变送器工作原理,如图 5-9 所示。从分流器上引入的直流信号经调制器变为方波信号,输入交流放大器进行放大。经相敏检波器进行鉴相整流,它具有分辨输入直流信号极性的能力。方波振荡器作为调制与解调的它激电源。

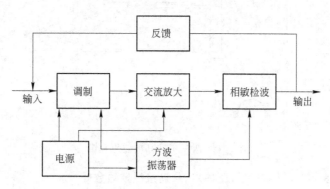

图 5-9　直流毫伏变送器原理方框图

5.1.1.4　使用操作要点

(1) 为了减少限流电阻的发热,应选用灵敏度较高的振子,如 FC6-1200 型等。如偏转幅度过低时,可选用 FC6-400 型等,但要在测量线路上兼顾振子对外电阻的要求。表 5-1 示出了 FC6 型振子的参考技术数据。

表 5-1　FC6 型振子参考技术数据

振子型号	固有频率/Hz	工作频率/Hz	直流灵敏度 /mm·mA^{-1}	内阻/Ω	外阻/Ω	最大电流/mA	最大振幅/mm
FC6-10	10		$\geqslant 2 \times 10^4$	120±24	$\geqslant 1400$	0.004	
FC6-30	30		3×10^3	120±24	900±300	0.05	
FC6-120	120	0~65	840	55±10	220±50	0.2	±3%±100
FC6-400	400	0~200	76	55±10	25±10	2	±3%±100

振子型号	固有频率/Hz	工作频率/Hz	直流灵敏度/mm·mA^{-1}	内阻/Ω	外阻/Ω	最大电流/mA	最大振幅/mm
FC6-1200	1200	0～500	12	20±4		6	±3%±50
FC6-2500	2500	0～1000	2.1	16±4		30	±3%±50
FC6-5000	5000	0～2000	0.4	12±4		90	±5%±30
FC6-10000	10000	0～4000	≥0.1	14±4		100	±5%±10

（2）测量回路必须用测量电压大于电枢最高工作电压的兆欧表（摇表）进行对地、参数间的绝缘测定（将振子输入端短路），其绝缘电阻不应小于 20 MΩ。

（3）为了保证电压振子与电流振子同电位，应按图 5-10 所示接线，此时 D、A、B 同电位。

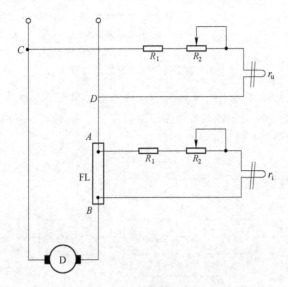

图 5-10　两振子间其电位原理图

（4）标准毫伏表须按图接在 A'、B' 两点，且连接线愈短愈好。

（5）接入分流器的导线头部及分流器上的接线螺丝刮净，螺丝必须拧紧。导线截面宜大不宜小。

（6）为了保证数据的可靠，应在现场标定。标定时，线路中的任何参数都要维持实测时一样。标准表也要事先予以校准。

5.1.2　直流电机功率测量

对于直流电机，一般是测量电机电枢电流 I 及电枢电压 U，按下式计算功率 W：

$$W = IU \times 10^{-3} \quad \text{kW} \tag{5-7}$$

5.1.3　交流电参数测量的特点

由于交流电信号是随时间周期变化的电量，在采用智能数字仪表测量或电机自动测试系统中，需要将被测电压、电流等变换成与其成正比的标准直流电流（或电压）信号，这一变换要由各类型的交流变送器来完成。表 5-2 为部分常用国产交流电量变送器的规格与性能。

表 5-2　部分常用国产交流电量变送器的规格与性能

类　型	型　号	精度	输入信号	输出频响/Hz	输出信号/mA	负载能力/V	工作电源/V	备　注
电流变送器	BDLD-J421	0.5	$\phi40$ 0～50～200(A)	40～100	4～20	6	24 DC	电磁隔离型
	BDLH-J421	1.0	$\phi40$ 0～50～200(A)	20～400	4～20	6	24 DC	霍尔隔离型
	BDLH-J421	1.0	$\phi40$ 0～50～200(A)	20～400	4～20	6	24 DC	霍尔隔离型
	BDLH-J443	0.5	0～1500～3000(A)	20～400	4～20	6	220 AC	霍尔隔离型
电压变送器	BDYD-J433	0.5	0～100～500(V)	40～100	4～20	6	220 AC	电磁隔离型
	BDYD-J433	0.5	0～500～5000(V)	40～100	4～20	6	220 AC	电磁隔离型
	BDYH-J433	1.5	0～500～5000(V)	20～400	4～20	6	220 AC	霍尔隔离型
功率变送器	BYGH-J433	0.5	0～500～1000(V) $\phi40$ 0～1000～5000(A)	20～400	4～20	6	220 AC	霍尔隔离型
	BDGD-J433	1.0	0～100～500(V) $\phi40$ 0～200～1000(A)	40～100	4～20	6	220 AC	电磁隔离型
	BDGD-J433	1.0	0～500～1000(V) $\phi40$ 0～1000～5000(A)	40～100	4～20	6	220 AC	电磁隔离型

5.1.4　交流电压、电流的测量

5.1.4.1　交流电压变送器

其原理线路如图 5-11 所示。工作原理是：被测交流电压信号通过电压互感器 YH 降压后，采用桥式电路进行全波整流，由滤波电容 C 滤去输出中交流成分，由输出端输出 1 mA 的电流信号及 5 V 的电压信号。

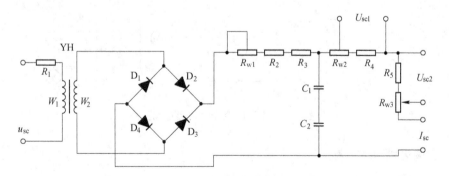

图 5-11　交流电压变送器原理线路图

交流电压变送器连同记录仪表一起进行标定，标定线路如图 5-12 所示。被测的输入量可用 0.5 级交流电压表来进行监视，输出直流用 0.5 级直流毫安表进行监视。输出直流电压应用 0.5 级高阻抗电压表测量，其内阻应大于 60 kΩ。TP₁ 为 0.5 kV·A 交流电压调整器。

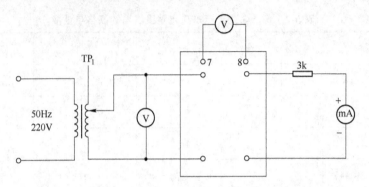

图 5-12　交流电压变送器标定线路图

5.1.4.2　交流电流变送器

原理线路如图 5-13 所示。图中 LH 为电流互感器,它的铁心是由硅钢片制成的。在磁化的起始部分有非线性区。因此当被测交流信号较小时,互感器次级绕组感应的交流电流将是非线性的。为了减少由此产生的误差,采用了由四个二极管 $D_9 \sim D_{12}$ 及电阻 R_2 组成的补偿电路。在二极管两端电压较低时,它的伏安特性曲线呈非线性,其内阻与外加电压成反比。这样,在低电压时分流作用弱,在高电压时分流作用强。利用二极管的特性就可补偿硅钢的非线性误差。

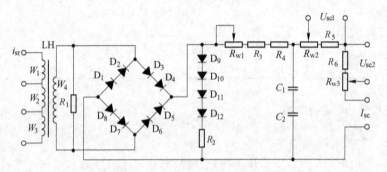

图 5-13　交流电流变送器原理图

交流电流变送器标定线路,如图 5-14 所示。

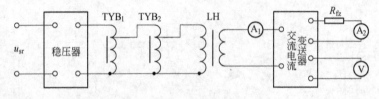

图 5-14　交流电流变送器标定线路图

5.1.5　交流电机功率测量

交流电机功率可采用功率变送器测量,它是把三相有功功率(或无功功率)量变换成为与功率成正比例的直流电流量或直流电压量的一种变换装置。

三相功率变送器的原理框图如图 5-15 所示,它的主要部分为两个完全相同的功率测量部件。每个功率测量部件为一个时间差值乘法器,由磁饱和振荡器、恒流电路、桥式开关电路、电压互感器及电流互感器组成。

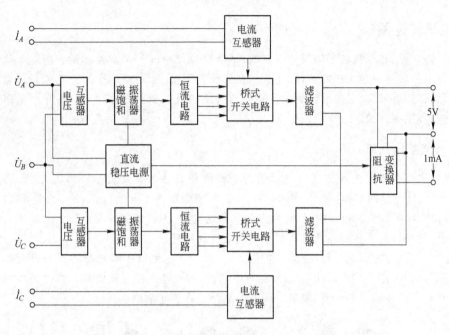

图 5-15 三相功率变送器原理方框图

使用操作要点：

(1) 由于电流互感器(指主电路)副边开路时将产生高电压,当从电流和互感器副边引出线时,应在副边并接一个短路刀闸,只有当确定从副边不是断路时,才允许拉开短路刀闸。

(2) 电流接线面积不应小于 4 mm²,接头处刮净拧紧。

(3) 相序与极性不能接错,必要时应用相序表及双线示波器予以判别,否则,测量无效。

(4) 变送器必须经过严格的标定,功率变送器的标定线路,如图 5-16 所示。负载可用灯箱标定时,瓦特表及功率变送器必须输入同一电流及电压,此外,标定特性曲线不会预先含有变流比及变压比,故这一标定特性曲线可以适用于现场任何变流比及变压比。

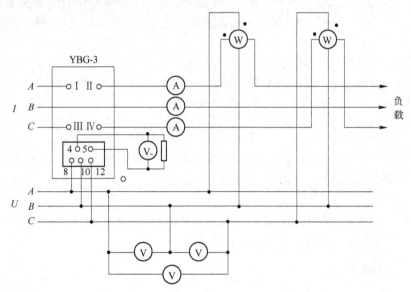

图 5-16 采用两瓦表法标定 BYG-3 三相不平衡有功功率变送器原理线路图

5.2　电机转速测量

电机转速一般指电机转子的每分钟转数,是电机运行中的一个重要参量。而作为轧机的驱动设备,电机的转速决定轧机的速度,尤其是在连轧过程中,轧制速度作为连轧关系的重要影响和控制因素,对其的随时测量已经成为连轧控制系统的很重要的内容。本节将介绍电机转速测量常用的几种主要方法。

5.2.1　日光灯法测速

日光灯法是交流电机转速测量时常用的一种简便方法。日光灯是一种闪光灯,将其接入50 Hz电源时,日光灯的实际闪光频率为 100 次/s,闪频周期为 10 ms。而人的视觉暂留时间约为 60 ms,远大于日光灯的闪频周期,因此用肉眼观察时,感觉不到灯光的闪动而认为日光灯一直在发光。利用日光灯的上述特性就可以测量交流电机的转速。

测量时,首先在电机轴端画上标记,如图 5-17 所示。也可以在联轴器的圆周表面作出黑白相间的等分标记。图 5-17(a)、(b)、(c)分别对应二极、四极和六极交流电机。当电机以同步速旋转时,用日光灯照在轴端标记上,眼睛看到的图案标记将静止不动。

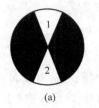 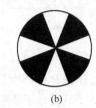 

(a)　　　　　　　　　(b)　　　　　　　　　(c)

图 5-17　日光灯法测速的轴端标记

(a) 二极;(b) 四极;(c) 六极

这种现象解释如下:对于极数 $2p = 2$ 的交流电机,以同步转速 $n_s = 3000$ r/min 旋转,其每秒转速为 50 r/s,而日光灯每秒钟闪亮 100 次,即电机每转过半周,日光灯闪亮一次。若日光灯第一次闪亮时,轴端标记的位置如图 5-17(a)所示,那么日光灯第二次闪亮时,由于电机转过了半周,轴端标记中的 1、2 标记位置交换。然而人的眼睛并未感觉到这种变化,而看到的只是静止不动的标记。

当交流电机的转差率较小时,用日光灯测定转差率十分方便。如果电机略低于同步转速运行,则眼睛看到的轴端标记将逆电机转向缓慢旋转,用秒表测定每分钟转过的圈数,即为电机转速 n 与同步转速 n_s 之间的转速差 Δn,则电机转差率为

$$s = \frac{n_s - n}{n_s} = \frac{\Delta n}{n_s} \tag{5-8}$$

若轴端标记顺电机转向缓慢旋转,则电机转速将略大于同步速。这时式(5-8)的转差率为负值。转差率 s 测定后可按下式计算出电机转速:

$$n = (1 - s)n_s \tag{5-9}$$

当交流电机转速偏离同步转速较多,即转差率较大时由于眼睛看到的轴端标记转动较快。每分钟转速的计数困难,因而限制了本方法的应用。

5.2.2　闪频法测速

如日光灯法实际上也是一种闪频法测速,只是其闪光频率为工频是固定不变的,这也是其应

用受到限制的根本原因。如果闪光频率可以在较宽范围内均匀调节,则测速范围可大大提高。当轴端的扇面标记只有一个时,调节闪光频率 f_s 使标记静止不动,则电机的转速为

$$n = 60 f_s \quad \text{r/min} \tag{5-10}$$

或

$$f_s = \frac{n}{60} \quad \text{Hz}$$

即闪光频率等于电机的每秒转速。闪光数字测速仪就是根据这一原理制成的,其原理框图如图 5-18 所示。

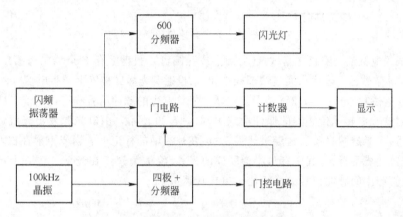

图 5-18　闪光数字测速仪原理框图

图中 100 kHz 的晶体振荡器脉冲经四级十分频及门控电路(二分频)后,得到 0.1 s 的测量信号,用来控制门电路的开闭。闪频振荡器脉冲一路经门电路到计数器记数,另一路经 600 分频后去触发闪光灯。

调节闪频振荡器频率使电机轴端的一个扇面标记静止不动。若此时闪光灯的闪光频率为 f_s,则一次通过门电路的计数脉冲数为 $600 f_s \times 0.1 = 60 f_s = n$,也就是电机的每分钟转速。也可采用不同的分频器和测量时间,但应使计数显示值仍为电机的每分钟转速。

如果使闪光振荡器的频率调节器按钮直接以每分钟转速刻度,则可省去数字电路部分。调节振荡器频率使轴端标记静止,则调节器旋钮所指示的刻度值即仍为被测电机转速。

使用闪光测速仪时,应注意防止误读数。当闪光频率 f_s 小于电机每秒钟转速,且为其 $1/R$ ($R = 1, 2, 3, \cdots$),眼睛看到的静止轴端标记仍是一个,与 $n = 60 f_s$ 时完全相同。因此使用闪光数字测速仪时,闪频振荡器的频率应逐渐从高向低调节,直至第一次出现静止的一个轴端标记为止,此时的转速才是电机的真实转速。

当闪光频率 f_s 大于电机每秒钟转速并在电机轴端出现 Z 块静止标记时,电机的实际转速应为 $n = 60 f_s / Z$,即为显示值的 $1/Z$。

5.2.3　光电数字测速

光电数字测速目前已获得广泛应用,具有测量范围广,准确度高,数字显示和可测量瞬时速度等优点。所用光电转速传感器为非接触式传感器,其结构简单、分辨率高、惯性小,可分为投射式和反射式两种。

5.2.3.1　光电转速传感器
投射式光电转速传感器原理示意图,如图 5-19 所示。

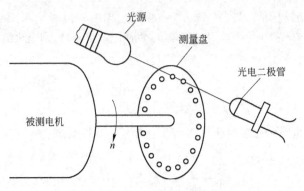

图 5-19 投射式光电转速传感器原理图

在被测试的电机轴上安装一测试盘(齿圆盘或孔圆盘),圆盘上有 Z 个均匀齿槽或圆孔,一般 Z 为 60 或 60 的整数倍。当光束通过槽部或小孔时,投射到光敏二极管上产生电信号,当光束被齿部或无孔部分遮住时,光敏二极管无信号。光敏二极管产生的脉冲信号频率正比于电机转速 n。

一种反射式光电转速传感器的原理示意图,如图 5-20 所示。由电光源发出光线通过透镜成为平行光线后,经半透明膜反射并穿过透镜,聚焦在被测轴的标记上。当光束射在白块上时产生反射光,经透镜变成平行光,其中穿过半透明膜的光线,经透镜聚焦在光敏二极管上产生脉冲信号,光敏二极管产生的脉冲信号频率正比于电机转速 n。

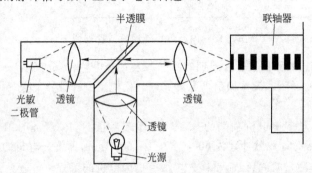

图 5-20 反射式光电转速传感器原理图

另一种反射式光电转速传感器具有更为简单的结构,如图 5-21 所示。图中 V_1 为发光二极管,V_2 为光敏三极管。两只光电元件并排安放,当两只光电元件未对准反光片时,因发光二极管发出的红外光照不到光敏三极管,故光敏三极管截止;当两只光电元件对准反光片时,反光片将发光二极管发出的红外光反射到光敏三极管,光敏三极管因而被触发导通。光敏三极管产生的脉冲信号频率与电机转速成正比。

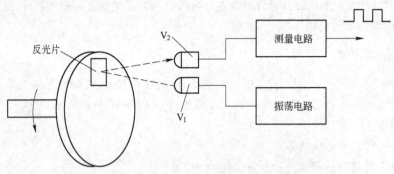

图 5-21 另一种反射式转速传感器

5.2.3.2 数字测速的测频法

图 5-22 为一种采用测频法的数字式转速表的原理框图。所谓测频法测速,就是在给定标准时间内累计传感器发出的脉冲数,即以测量频率的方法来测量转速。

图 5-22 测频法数字转速表原理框图

由光电传感器输出的脉冲信号经放大整形后,通过门电路送给计数器进行脉冲计数。为了选择一个标准时间来控制门电路的开闭,一般用晶体振荡器产生基准时间脉冲信号,经分频器分频后得到 0.1 s、1 s 等标准时间信号,通过门控电路发出指令来控制门电路的开闭。

若电机转速为 $n(\text{r/min})$,电机每转一周,光电传感器所发出的脉冲数为 Z,测量的标准时间为 $t(\text{s})$,则计数器计数的脉冲数 N 为:

$$N = \frac{n}{60} Z t \tag{5-11}$$

由上式可以看出,欲使计数脉冲数 N 等于电机每分钟转速 n,应使电机每转过一周,光电传感器发出的脉冲数 Z 与测试时间 t 的乘积等于 60,即 $Zt=60$。例如,若 $Z=60$,$t=1$ s,则计数器的计数脉冲数就是电机的每分钟转速。因此 Z 的数值最好是 60 或 60 的整数倍。

门控电路对计数脉冲的控制,如图 5-23 所示。

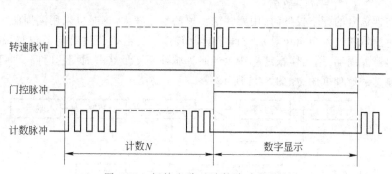

图 5-23 门控电路对计数脉冲的控制

一种采用测频法的霍尔转速测试仪的工作原理,如图 5-24 所示。

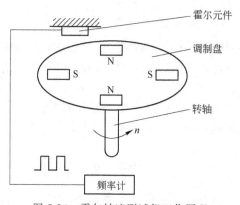

图 5-24 霍尔转速测试仪工作原理

这里采用开关型霍尔集成芯片作为检测元件,用频率计记录脉冲数。调制盘与转轴直接联接,其上均匀分布 p 对永久磁极。每当调制盘转过一对磁极,霍尔芯片就产生一个方脉冲。若被测转速为 $n(\text{r/min})$,则霍尔元件输出脉冲的频率为 $f = np/60(\text{Hz})$。设频率计的采样时间为 $t(\text{s})$,频率计在采样时间内的脉冲计数值为

$$N = \frac{n}{60} pt \qquad (5\text{-}12)$$

因此,转速 n 可用脉冲计数值 N 来表示:

$$n = \frac{60N}{pt} \qquad (5\text{-}13)$$

对比式(5-5)和式(5-4)可以看出,二种测速方法都是基于测频法原理,只是由于采用了不同的检测元件,使产生计数脉冲的方式有所不同。

数字测速的误差主要决定于两个方面,一是晶振的精度,二是计数脉冲的误差。在标准计数时间内,计数脉冲的绝对误差为 ±1 个脉冲,若在标准计数时间内的计数脉冲数为 N,则测速的相对误差为 ±1/N,即 N 愈大,测量的精度愈高。

由式(5-4)和式(5-5)可知,对于测频法测速,当电机转速较低时,由于 N 较小,使测速精度降低;欲提高测速精度,应增大 N。可采用增加测试时间 t 和增大 Z(或 p)两种途径。然而,增加测试时间 t 的方法是不可取的,对于一般的光电传感器,增大 Z 也是有困难的。采用光栅技术可以大幅度增高 Z 值,从而扩大了测速范围,明显提高了测量精度。对于霍尔转速测试仪,要想在调制盘的有限圆周内增加永久磁极的极数将更加困难,因此该方法只适用于高转速的测量。

5.2.3.3 数字测速的测周法

当被测转速信号的频率较低时,用测频法测速的误差较大,这时可采用测周法。所谓测周法测速就是通过测取转过给定角位移的时间来测取转速。当电机转过给定角位移 $\Delta\theta$ 时,传感器便输出一个电脉冲周期,用晶体振荡器产生的时钟脉冲来度量这一周期的时间,即可测得转速。

测周法测速的原理框图,如图 5-25 所示。

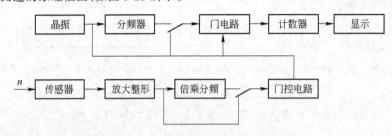

图 5-25 测周法测速原理框图

测周法测速正好与测频法测速相反,用转速传感器输出的周期脉冲信号来控制门电路的开闭,晶体振荡器产生的时钟脉冲信号经门电路送入计数器计数。即用标准时钟脉冲信号来度量被测角位移周期的长度。

若时钟脉冲周期为 T_0,计数值为 N,则被测角位移周期为 $T_x = NT_0$,若电机每转一周,传感器输出的脉冲数为 Z,则电机每转一周所需时间为 $T = ZT_x = ZNT_0$,其波形图的变化如图 5-26(a)、(b)所示,电机的转数为

$$n = 60f = \frac{60}{T} = \frac{60}{ZNT_0} \quad \text{r/min} \qquad (5\text{-}14)$$

当电机转速增高时,被测角位移周期变短,计数器的计数值 N 减小,因此测量误差增大。为了提高测量精度,一般采用被测周期倍乘措施,即将被测信号 M 分频,用被测周期信号去控制门

电路,使门电路的开门时间增加为原来的 M 倍,即 MT_x,从而提高了测试精度。其波形图如图 5-26 所示,这时电机的转速为

$$n = \frac{60M}{ZNT_0} \quad \text{r/min} \tag{5-15}$$

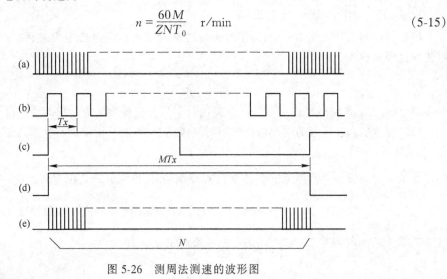

图 5-26　测周法测速的波形图

5.2.4　瞬时转速的测量

5.2.4.1　电容式转速传感器

瞬时转速测量时,转速传感器可采用电容式结构。电容式传感器是比较精确的角位移传感器元件,其定子内圆和转子外圆分别开有 Z 个均匀分布的齿槽,定、转子间有绝缘环相对绝缘,转子与电机转子同轴。

随着电机的旋转,传感器的定、转子之间时而齿与齿相对,时而齿与槽相对,如图 5-27(a)所示。当齿与齿相对时定转子之间的电容量为最大值 $C_{\max}$,当齿与槽相对时,电容量为最小值 $C_{\min}$。电机每转过一个齿距,传感器电容值就变化一个周期。电机每转一周,电容值就变化 Z 个周期。

将电容式转速传感器接至图 5-27(b)所示电路,则该电路输出电压可用下式表示:

$$u_{\mathrm{o}} = U_{\mathrm{m}}\sin Z\Omega t \tag{5-16}$$

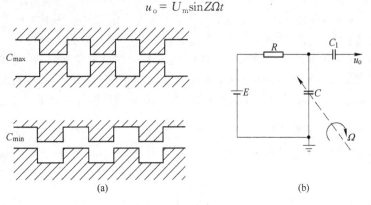

图 5-27　电容式转速传感器

显然,该电路输出电压变化的角频率与电容值变化的角频率相等,均为 $Z\Omega$,或与被测电机旋转的机械角速度 Ω 成正比。

电容式传感器的定转子一般用铜或铝合金制成,其定转子齿槽分度的精确度对测速的准确度影响较大。

5.2.4.2　瞬时转速的测量

瞬时转速测量可采用测周法,即用时钟脉冲来度量电机转过给定角位移的时间。电机的瞬时角速度可表示为

$$\Omega = \frac{\mathrm{d}\theta}{\mathrm{d}t} \approx \frac{\Delta\theta}{\Delta t} \tag{5-17}$$

当 $\Delta\theta$ 或 Δt 足够小时,当即在 Δt 时间内的平均角速度可认为是瞬时角速度。

瞬时测速要求在短暂的时间内能够瞬时连续测量,因此只能借助与计算机进行数据处理、打印、显示等。

电机每转一周传感器可输出 Z 个角位移周期信号,可由计算机确定转过 $k\frac{2\pi}{Z}$ 弧度测量一次 $(k=1,2,3,\cdots,Z)$,若晶振时钟周期为 T_0,转过 $k\frac{2\pi}{Z}$ 弧度时计得的时钟脉冲数为 N,那么电机转过 $k\frac{2\pi}{Z}$ 弧度所用时间为 $\Delta t = NT_0$,则电机的瞬时角速度为

$$\Omega = \frac{\Delta\theta}{\Delta t} = \frac{k\frac{2\pi}{Z}}{NT_0} \quad \mathrm{rad/s} \tag{5-18}$$

电机的转速稳定度 W_n 可用下式计算:

$$W_n = \frac{(\Omega_{max} - \Omega_{min})/Z}{(\Omega_{max} + \Omega_{min})/Z} \times 100\% \tag{5-19}$$

式中,Ω_{max} 为电机瞬时角速度的最大值;Ω_{min} 为电机瞬时角速度的最小值。

瞬时转速测量可采用电容式转速传感器,如果配用转速稳定度高的电动机带动电容式传感器的定子旋转,可以扩大转速测量范围。

目前转矩-转速仪的内部晶振频率可达到 40 MHz 以上,动态响应时间可达到 μs 级,这种转矩仪称为瞬态转矩仪,配用相位差式转矩传感器时,可用来测量电机的瞬态转速和转矩。

5.2.5　示波器转速测量法

用示波器测量电机的转速,我们不仅可以测量其转速,还可以很方便地通过观察示波器上波形的变化来调整速度调节器,以使直流电机能够满足在冲击载荷的作用下实现快速响应的传动要求,这种测速法在各类电机速度控制系统中被广泛应用。图 5-28 为双闭环直流电机调速原理图。在实际轧制过程中,应根据坯料刚咬入轧机时,负载突然从零增加到满负载时,电枢电流的变化情况,用示波器观察转速 X_N 和电枢电流 X_{IA} 的波动来调整速度调节器的放大倍率 K 及积分时间 T_N,以使直流电机满足在冲击负载的作用下实现快速响应的传动要求。

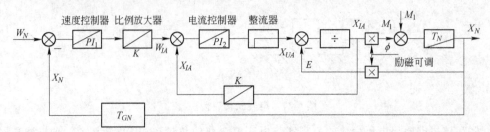

图 5-28　双闭环直流电机调速原理图

现简单介绍示波器测速的原理。

用示波器测量转速的原理是将速度通过测速发电机转变为与其成正比的电压。只要得到测速发电机的电压,即测定了未知的转速。这个测速发电机的轴与被测电机的轴联动。

对于电机的转速,不仅可以利用测速发电机用示波器测量其转速,而且还可以方便地观察电机启动时的转速响应。图 5-29 示出的是晶闸管双环直流调速系统当突加给定时转速的动态响应曲线。

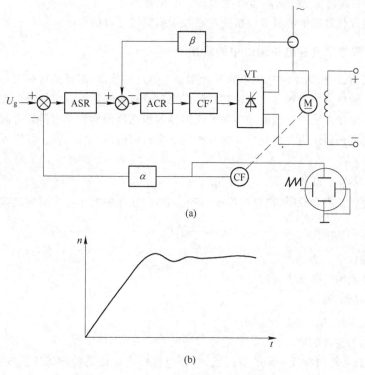

(a)

(b)

图 5-29 用示波器观察电动机的启动过程

(a)原理框图;(b)转速启动过程曲线

U_g—给定电压;ASR—速度调节器;ACR—电流调节器;CF′—触发器;

VT—晶闸管;β—电流反馈;α—转速反馈;CF—测速发电机

由于在示波器上可以直观地观察和测量转速,因此,接通示波器的时标开关,还可以通过示波器进行动态调整,使之达到符合转速指标要求的转速启动特性。此时,示波器工作在 Y-T 方式,测速发电机的输出接到示波器的 Y 轴,X 轴用示波器内部的锯齿波扫描。用图 5-29 示出的线路进行实际调试,使之符合转速指标。图 5-30 为采用测速发电机时加速法的测试原理图。

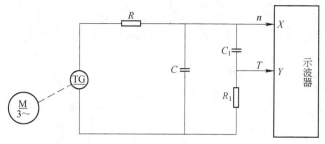

图 5-30 测速发电机加速法测试原理图

5.3　现代电机测试技术

随着电子技术、信息传感技术、自动化技术以及计算机技术和材料科学的发展,电机测试技术也进入了一个崭新的发展时期,与传统的测试技术相比,现代电机测试技术具有以下特点:

(1) 新理论、新技术、新材料的应用;

(2) 测试系统的集成化、数字化与智能化;

(3) 测试具有高精度、速应性、实时性和高抗干扰能力。

以上特性为现代电机的测试和电机的自动控制提供了更好的保证。

5.3.1　传感器技术及其在电机测试中的应用

在现代电机测试中,为了对电机中的电量和非电量进行检测,需要把这些被测量转换成容易比较且易于传送的信息。对被测信号敏感且可以把自身对被测量的响应传送出去的敏感元件称为传感器。由传感器发展而来的能输出标准电信号的传感器则称为变送器。前面在相关内容中我们介绍了一些变送器。本节将集中介绍几种用于电机的电流、电压、转速转矩等物理量测试的新型传感器。

5.3.1.1　霍尔电流传感器

当电流通过一长直导线时,在导线周围将产生磁场,磁场的大小与被测电流成正比。

$$e_H = \frac{R_H}{d} I_c B \quad \text{V} \tag{5-20}$$

式中　　e_H——霍尔电动势;

　　　　B——外磁场的磁感应强度;

　　　　I_c——控制电流;

　　　　R_H——霍尔常数;

　　　　d——霍尔器件的厚度。

由上式可知,在控制电流一定的情况下,被测电流所产生磁场的磁感应强度 B 与霍尔电动势 e_H 有着良好的线性关系。因此,可以利用霍尔电动势的大小来表示被测负载电流的大小。霍尔电流、电压传感器就是根据这一原理制成的。

然而,直接应用上述原理制作的电流、电压传感器会使其测量范围和测量幅度受到限制。一种实用的霍尔电流传感器的原理图,如图 5-31 所示。

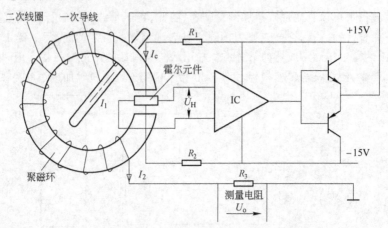

图 5-31　一种实用的霍尔电流传感器的原理图

由一次导线、聚磁环、霍尔元件、二次线圈以及放大电路等组成。

该传感器基于磁势平衡原理,由二次电流所产生的磁动势与一次电流磁动势处于动态平衡状态,使霍尔元件始终处于检测零磁通的工作状态。具体工作过程如下:当一次导线有大电流 I_1 通过时,在导线周围产生磁场,这一磁场被聚磁环聚集并感应霍尔元件,使其输出一个霍尔电压信号,经放大器放大后输入到功率放大器中,这时相应的功率管导通,从而获得一个补偿电流 I_2,I_2 通过二次线圈并产生磁场,这一磁场与主电流产生的磁场方向相反,使霍尔元件的输出减少。当一次和二次的安匝相等时,I_2 不再改变,这时霍尔元件达到零磁通检测状态。

上述过程是在极短的时间(1 μs)内完成的,这是一个动态平衡过程。主电流 I_1 的任何变化都会破坏这一平衡,这时霍尔元件就会有信号输出,补偿电流就会流过二次线圈进行补偿。因此,达到平衡状态时,一、二次安匝总应满足下式:

$$N_1 I_1 + N_2 I_2 = 0 \tag{5-21}$$

式中,N_1、I_1 为一次匝数和电流;N_2、I_2 为二次匝数和电流。

若一、二次匝数 N_1、N_2 已知,测量 I_2 即可得到 I_1 的大小。

该传感器可以测量任意波形的电流和电压,二次电流忠实反映一次电流的波形,工作频带为 0~100 kHz,准确度为 1%,测量电流范围可达 50 kA,电压可达 6.4 kV。

5.3.1.2 霍尔功率传感器

由式(5-20)可知,霍尔电动势与控制电流和磁感应强度的乘积成正比,如果使控制电流与电网相电压 U 成正比(可将霍尔元件控制极通过降压电阻 R 并联到电网相电压上),用相电流 I 流过铁心线圈产生与 I 成正比的磁场 B(见图 5-32),就可以利用式(5-20),经过简单的三角函数运算,导出霍尔电动势的平均值 U_H 与交流有功功率 $P = UI\cos\varphi$ 成正比的关系式:

$$U_H = kUI\cos\varphi \tag{5-22}$$

式中,U、I、φ 分别为相电压、相电流的有效值及其功率因数角;k 为比例常数。

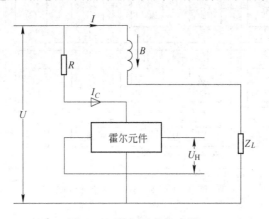

图 5-32 霍尔功率传感器

如果把图 5-32 中的电阻 R 改为电容 C,使 I_C 移相 90°,则输出的霍尔电动势平均值就与交流无功功率 $Q = UI\sin\varphi$ 成正比。采用三组单相霍尔功率传感器进行适当连接,还可以构成三相功率传感器或功率变送器。

5.3.2 数字仪器

目前,在电机测试中数字仪器、仪表已经获得了广泛应用,本节简要介绍其中几种常用的数字仪器的工作原理及应用。

5.3.2.1　数字存储示波器

A　概述

数字存储示波器借助于数字存储技术的发展,改变了传统模拟示波器的工作方式。进行测量时,它首先对实时的电信号进行采样,经 A/D 转换器数字化之后存储在半导体存储器中,然后再根据需要进行 D/A 转换,把被测电压波形再现在 CRT 上。

当采用微型计算机控制时,即构成了智能化的数字存储示波器,不但能对输入电压波形进行存储和显示,而且可以利用微机强大的数据处理能力对被测波形的各种参数,如幅值、有效值、平均值、频率、前后时间等进行测量和计算,并显示在 CRT 上。同时也具备智能仪器的其他功能,如自检、自校、可程控等。目前高性能数字存储示波器的带宽已从几年前的 500 MHz 提高到 1 GHz。一台功能较强的智能数字存储示波器进行波形测量的同时,也可以作为一台智能电压表使用,这是数字存储示波器颇受欢迎的重要原因之一。

B　工作原理

图 5-33 为一台典型的智能化数字存储示波器的原理框图。整机由四部分组成,即微机控制与存储部分,垂直偏转部分,水平偏转部分和 CRT 显示部分。各部分电路之间的连接基本上是总线结构,使用者对仪器的控制上利用前面板按键通过总线向 CPU 传送控制信号来实现的。整机工作在程序控制之下。

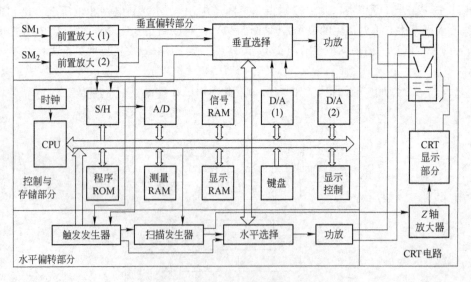

图 5-33　数字示波器原理框图

数字存储示波器有两种基本工作方式,即模拟方式和存储方式。之所以保留模拟方式,是由于在模拟方式下,工作带宽不受 A/D 转换速度的影响,可以在一定程度上弥补示波器工作带宽的不足。

控制与存储电路是数字存储示波器的核心部分。CPU、工作程序 ROM、信号 ROM、测量 RAM 以及内部总线构成了一台微型计算机,配合挂线在总线上的 S/H(采样保持器)、A/D、D/A、键盘以及显示器等外围设备,使数字存储示波器具有了强大的存储、控制、测量以及显示等功能。

数字存储示波器充分利用了 A/D、D/A 等测量硬件和内部处理软件的计算功能,使之成为了一台功能广泛的数字化分析测量设备,例如波形的峰值、有效值、频率、波形上任意两点的电位差和时间差、信号波形的平均值处理等测量与分析功能。

数字存储示波器对波形参数的测量一般采用光标法,即在 CRT 上设置两条水平光标线和两条垂直光标线,光标线与波形的交点与信号 ROM 中的相应数据相对应。在设置不同的测量和计算项目时,示波器可在程序控制下,根据光标位置实现测量与计算。信号波形与相关参数能同时显示在 CRT 上。因此在电机的测试中使用数字存储示波器测量十分方便。

5.3.2.2 数字式转矩 – 转速仪

目前的转矩 – 转速仪产品已全部是以单片机为核心的数字式的形式。其通用型数字转矩 – 转速仪的原理框图如图 5-34 所示。相位差式转矩传感器的两路电压 u_1、u_2 经放大整形后进入检相器,检相器作 $\overline{u_1}$、$\overline{u_2}$ 的逻辑运算后,输出相位差信号。用 1 MHz 的时钟脉冲填充相位差信号。在转矩测量时间 t_2 内,经分频器适当分频后,由转矩计数器计数,并数字显示转矩值。另外如直接对信号 u_2 或 u_1 计数,就可同时测量电机转速。

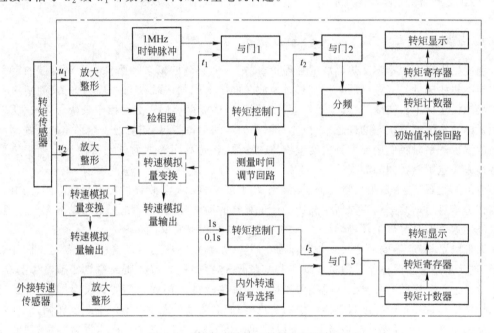

图 5-34 数字式转矩 – 转速仪原理框图

目前,高性能数字式转矩 – 转速仪的时钟脉冲频率已达到 40 MHz 以上,最快响应时间可达 $1\,\mu s$,不仅可用来测量电机的稳态转矩和转速,而且可以测量瞬态转矩和转速。

思 考 题

5-1 简述直流电机电压和电流测量的几种方法及每种方法的适用范围。

5-2 简述交流电机电压和电流测量的几种方法及每种方法的适用范围。

5-3 电机转速测量的方法有哪些?

5-4 现代电机测试技术有哪些特点?

6 温 度 测 量

温度是表征物体冷热程度的物理量,是国际单位制七个基本物理量之一。自然界中任何物理、化学过程都紧密地与温度联系。很多物质的物理机械特性都与温度有关,如物体的长度、体积、密度、硬度、黏度、弹性模量、破坏强度、电导率、热导率、热容、热电势、光辐射强度以及锈蚀、磨损等,都会随温度的不同而改变。因此,可以说,任何工业品的物理、力学性能无不与温度有密切的关系。

统计表明,温度这一物理量在工业生产的检测量中约占 50%,对于产品温度以及温升热变形的研究与测量,在提高产品质量及生产率等方面,具有十分重要的意义。

6.1 温度测量方法

6.1.1 温标

温度是用来表示物体冷热程度的物理量,这是一个宏观的概念。而科学上对温度的定义与人们对冷热的感觉是有差别的。比如长时间放在同一房间的一块铁与一块木头,人们用手一摸经常会说铁块比木头温度低,其实用温度计一测两者的温度相同。只是由于铁块传热快,所以令人感觉冷。物体的热状态的概念来自热力学,热力学的定律指出,任何处于热平衡的系统都具有相同的温度。平时我们用温度计去衡量物体的冷热,就是利用测温元件与被测物体处于热平衡的特性来决定被测物体的温度的。

温度的微观概念,是用大量的分子运动平均强度来表示的。物体的冷热程度不同,是由于物体内部分子热运动的强弱不同所引起的。分子具有的动能与热能愈大,分子运动愈激烈,则其温度愈高。这个概念对分子聚集体而言,对于个别分子是没有意义的。

人们测量长度,需要一把尺子作为标准。同样,要判定物体温度的高低,也需要一把客观的尺子,这就是温标。温标就是为量度物体温度高低,选择某些特定物质的冷热状态作为基准点,对温度计进行分度的一种方法。早期的温标是非常简单的。例如早期的摄氏温标,它规定把一支水银温度计放在 1 个标准大气压沸水的蒸汽里,使温度计的温度和蒸汽的温度相同,记下水银柱上升的高度,并在温度计的玻璃管上刻线,注明 100;然后再把它放在冷水混合物里,使温度计的温度与冰水的温度达到热平衡,这时记下水银柱的高度线,并注明 0。在 0 和 100 之间分成100 等份,每一等份就是摄氏温标 1℃,这种温标叫做"经验温标"。随着生产和科学技术的发展,这样的温标已不能满足需要,因为这种温标与选用的工作物质得不到统一,也不够准确,而且量值范围太窄。

1948 年英国科学家开尔文(Kelvin),首先提出按理想热机卡诺循环热效率的理论建立温标,这种理论的原理是,测量系统中由热物体传给冷物体的热效率,只与物体的温度有关,与物体的体积、压力及其他物理特性无关。就是说热力学温标是完全不依赖于所用测温物质的性质,仅仅由某一温度定点导出温标。这种科学而严密的温标,是一种纯理论的温标,不能直接实现。人们设想用理想气体,通过气体温度计来实现。但实际上人们使用的并不是理想气体,而是实际气体,实验表明,只要压力不太高,温度不太低,许多实际气体的性质与理想气体相近。由于各类气体温度计都十分复杂,为了实用,又要达到温度的准确性,国际之间协约规定了一种实用温标。

历史上,先有各个国家的温标,然后,在各国温标的基础上,协商设立了一个统一的温标,叫国际温标。最早的国际温标是 1927 年颁布的,后经国际讲师大会多次修改和完善。1954 年国际计量大会正式批准水三相点的热力学温度 273.16 K 为基准固定点,这就建立了完整的热力学温标。

在温标的历史上曾有过 1948 年国际温标和 1968 年的国际实用温标(IPTS—68)。根据第 18 届国际计量大会及第 77 届国际计量委员会的决议,从 1990 年 1 月 1 日开始在全世界范围内采用 1990 年国际温标(IPTS—90),代替 1968 年国际实用温标和 1976 年低温临时温标。

针对我国情况,国家技术监督局决定:从 1991 年 7 月 1 日开始在我国采用 1990 年国际温标。

任何一种温标都包括三部分内容:若干个赋予一定温度数值的纯物质的相变温度点(简称固定温度点)、内插测量仪器和计算公式。1990 年国际温标和 1968 年国际实用温标相比较,在上述三个部分都有较大的变化,目的是使它更科学合理,所体现的温度量值更接近热力学温度。

热力学温度(符号为 T),其单位为开尔文(符号为 K),定义为水三相点的热力学温度的 1/273.16。

由于以前的温标定义中,使用了与 273.16 K(冰点)的差值来表示温度,因此,现在仍保留此方法。用这种方法表示的热力学温度为摄氏温度(符号为 t),单位为摄氏度(℃)。其关系为

$$t/℃ = T/K - 273.16 \tag{6-1}$$

1990 年国际温标(IPTS—90)同时定义国际开尔文温度(符号为 T_{90})和国际摄氏温度(符号为 t_{90})。它们之间的关系与 T 和 t 一样,即

$$t_{90}/℃ = T_{90}/K - 273.16 \tag{6-2}$$

6.1.2 温度测量方法分类

根据被测对象的特点和测试目的,可选用不同的测温方法。温度测量方法可分为接触式测温与非接触式测温两类。接触式测温是把测量用的传感器和被测对象直接接触,两者进行热交换,最终达到热平衡,并示出温度值。常用的接触式测温仪器有膨胀式温度计、电阻温度计及热电偶等。这类测温仪器发展较早,比较成熟,应用广泛,但对被测对象的温度场有干扰,影响测量精度,且在不允许接触或无法接触的场合就不能应用。非接触式测温是基于物质的热辐射原理,测温传感器与被测对象不直接接触。此法不会扰乱被测对象的温度分布,可实现远距离控制与测量。这类测温仪器有辐射温度计、红外测温仪及光纤温度计等。常用的测温方法、类型及特点见表 6-1。

表 6-1 常用测温方法、类型及特点

测温方法	温度计及传感器类型			测温范围/℃	精度/%	特　　点
接触式	热膨胀式	水银		-500~650	0.1~1	简单方便;易损坏(水银污染);感温部大
		双金属				结构紧凑、牢固可靠
		压力	液	-30~600	1	耐振、坚固、价廉;感温部大
			气	-20~350		
	热电偶	铂铑-铂 其他		0~1600 -200~1100	0.2~0.5 0.4~1.0	种类多、适应性强,结构简单,经济、方便,应用研究广泛。须注意寄生热电势及动圈式仪表电阻对测量结果的影响

续表 6-1

测温方法	温度计及传感器类型		测温范围/℃	精度/%	特　点
接触式	热电阻	铂	-260~600	0.1~0.3	精度及灵敏度均较好,感温部大,须注意环境温度的影响
		镍	-50~300	0.2~0.5	
		铜	0~180	0.1~0.3	
	热敏电阻		-50~350	0.3~1.5	体积小,响应快,灵敏度高;线性差,须注意环境温度的影响
非接触式	辐射温度计		800~3500	1	非接触式测温,不干扰被测温度场,辐射率影响小,应用简便,不能用于低温
	光纤温度计		700~3000	1	
	热电探测器		200~2000	1	非接触式测温,不干扰被测温度场,响应快,测温范围大,适于测量温度分布,易受外界干扰,定标困难
	热敏电阻探测器		-50~3200	1	
	光子探测器		0~3500	1	
其他	示温材料	碘化银,二碘化汞,氯化铁,液晶等	-35~2000	<1	测温范围大,经济方便,特别适于大面积连续运转零件上的测温,精度低,人为误差大

6.2　热电偶温度计

热电偶与显示仪表或控制和调节仪表等配套,构成热电偶温度计,可直接测量、控制和调节各种生产过程中 0~1800℃ 温度范围内的液体、气体、蒸汽等介质及固体表面的温度。具有精度高、测温范围广、便于远距离和多点测量等优点,是接触式温度计中应用最普遍的仪器。

6.2.1　热电偶测温原理

热电偶是基于热电效应而工作的。当两种不同导体的端点结合成一封闭回路时,如两结合点的温度不同,则在回路中产生热电势,此现象学称为热电效应。实际上热电偶是将热能转换为电能的一种能量转换型传感器。

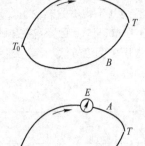

图 6-1 表示两根不同导体 A 和 B 构成的热电偶,其工作端(热端,温度 T)插入被测介质中,与导线连接的另一端(冷端,温度 T_0)为自由端。当 $T \neq T_0$ 时,在回路中将产生热电势,热电势与热电偶材质及两端温度差有关,而与导体 A 和 B 的长度、直径无关。若保持 T_0 不变,则热电势随温度 T 而变化。因此,只要测出热电势值,便可知被测介质的温度值。

研究表明,热电势的大小是由两导体的接触电势 [称珀耳帖(Peltier)电势] 与同一导体的温差电势 [称汤姆逊(Thomson)电势] 所组成。

6.2.1.1　接触电势

图 6-1　热电效应示意图

不同导体中自由电子密度(单位体积内自由电子数)不同。当两种不同导体接触时,在接触面上将发生电子的扩散。电子的扩散率与自由电子的密度和接触区的温度成正比。如果金属 A 和 B 的自由电子密度分别为 n_A 与 n_B,并且 $n_A > n_B$,则穿过接触面电子由 A 区向 B 区扩散。于是,金属 A 失去电子而带正电,金属 B 得到电子而带负电。这样,在接触面上就形成了电场(见图 6-2),这个电场阻碍了扩散的继续进行。当由自由电子密度不同引起的扩散能力与相应的电场造成的阻力达到动平衡时,在 A、B 之间形成了稳定的电位差,即接触电势。其大小由下式表示:

$$e_{AB}(T) = \frac{kT}{e}\ln\frac{n_A}{n_B} \qquad (6-3)$$

式中　$e_{AB}(T)$——导体 A 和 B 的接点在温度变化时形成的电位差；

　　　　e——电子电荷，$e = 1.6 \times 10^{-19}$，C；

　　　　k——玻耳兹曼常数，$k = 1.38 \times 10^{-23}$，J/K。

6.2.1.2 温差电势

在同一导体中，如果存在温度梯度，将形成温差电势。因为金属中自由电子的能量随温度提高而增大，如果在导体长度上有温度差，那么热端电子要比冷端的电子具有更大的能量和速度，并产生向冷端运动的电子流，而高温端因失去电子而带正电，如图 6-2(b) 所示。于是在高、低温端形成电位差，即温差电势值为

$$e_A(T, T_0) = \int_{T_0}^{T} \sigma \mathrm{d}T \qquad (6-4)$$

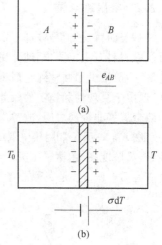

图 6-2　热电势示意图

(a) 接触电势；(b) 温差电势

式中　$e_A(T, T_0)$——导体 A 两端的温度为 T、T_0 时形成的电位差；

　　　　σ——汤姆逊系数，表示单一导体两端的温度差为 1℃ 时所产生的温差电势，其值与导体材质及两端温度差有关，例如，在 0℃ 时铜的 $\sigma = 2\mu$V/℃。

需要指出，金属中的自由电子数较多，温差不至于显著改变其密度，故在同一导体中的温差电势值较小。

6.2.1.3 总热电势

由金属 A、B 组成的热电偶，当温度 $T > T_0$ 时，整个回路的总热功电势可由下式决定：

$$E_{AB}(T, T_0) = e_{AB}(T) - e_{AB}(T_0) - \int_{T_0}^{T}(\sigma_A - \sigma_B)\mathrm{d}T$$

$$= \frac{k}{e}(T - T_0)\ln\frac{n_A}{n_B} - \int_{T_0}^{T}(\sigma_A - \sigma_B)\mathrm{d}T \qquad (6-5)$$

分析式 (6-5) 可知，如果构成热电偶的材料为相同均质导体即 $\sigma_A = \sigma_B$，$n_A = n_B$，则 $E_{AB}(T, T_0) = 0$；如果热电偶二接点温度相等，即 $T = T_0$ 时，则 $E_{AB}(T, T_0) = 0$。

此外，在热电偶的回路中，当插入第三金属时，只要第三金属两端温度相同，则对整个回路电势没有影响。这一特性表明，用仪表在热电偶输出端测量热电势时，只要保证引入导线两端温度相等，则引入导线与仪表对测量结果没有影响。图 6-3 表示了电位计接入热电偶回路的几种典型情况。图 6-3(a)、(b) 导线接点为 T_0，图 6-3(b) 除导线接点为 T_0 外，被测点（例如金属熔液）亦为均温 T。

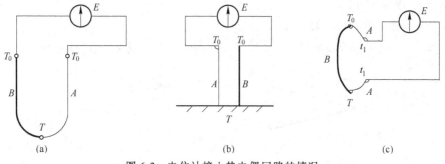

图 6-3　电位计接入热电偶回路的情况

6.2.2　常用热电偶

一般而言,任何导体都可以配制成热电偶,但并非都能作为实用的测温元件。因为测温元件对热电材料有一定要求,纯金属的热电偶易于复制,但热电势太小(平均约为 20 $\mu V/℃$),无实用价值,一般很少用两种纯金属组成热电偶。非金属热电偶的热电势大(高达 1000 $\mu V/℃$),熔点高,但由于复现性和稳定性较差,目前尚处于研究阶段。合金热电极的热电性能和工艺性能均介于纯金属和非金属之间,故常用的热电偶大多是纯金属与合金或合金与合金相配。

图 6-4 表示了常用热电偶的温度热电势关系。从图可知,镍铬－考铜、铁－康铜在低温区线性好,灵敏度高;铂铑－铂灵敏度低,但有较宽的线性范围。一般工业用热电偶还应具有耐压、防腐等性质。图 6-5 是一种带有保护管的热电偶结构。

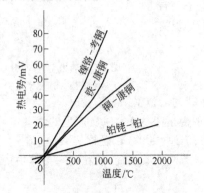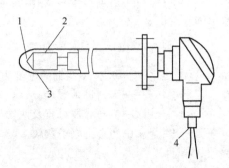

图 6-4　常用热电偶的热电特性　　　　　图 6-5　一般工业用热电偶结构式

　　　　　　　　　　　　　　　　　　1—测温接点;2—磁绝缘管;3—保护管;4—导线引出口

6.2.3　热电势的测量方法

测量热电势可用动圈式仪表、电位差计以及电子电位差计等。

采用动圈式仪表测量热电势时,由于线路中电阻的影响(图 6-6),将使仪表指示值 e_t 与实测热电势值 E_t 不一致,其关系为

$$E_t = e_t(R_t + R_o)/R_t \tag{6-6}$$

式中　R_t——仪表线圈电阻;

　　　R_o——外部电阻。

$$R_o = R_a + R_L + \frac{R_b}{2} + \frac{R_t}{2} \tag{6-7}$$

式中　R_a——仪表可调电阻;

　　　R_L——连接导线电阻;

　　　R_b—— 热电偶 20℃ 时的电阻。

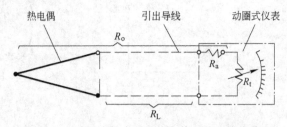

图 6-6　动圈式仪表测量热电势时的连接线路

以上分析表明,当连接线路电阻较大时,测量误差是不容忽视的。

用电位差计测量热电势时,采用标准电压来平衡热电势。因为标准电压与热电势方向相反,回路中没有电流,线路电阻对测量结果没有影响。图 6-7 是用电位差计测量热电偶的工作原理。将开关 K_1 接通,调整电阻 R_0,使检流计 G_2 指零,此时获得恒定工作电流 $I = E_H / R_H$(即 a、c 两点电压 IR_H 与标准电压 E_H 平衡)。断开 K_1 接通 K_2。调节电位器 R_P,使检流计 G_1 指零,此时测量电路电流为零。当温度变化时,将有电流通过 G_1,指针偏转,调节 R_P 使 G_1 重新指零,由电位器 R_P 的刻度读出所测热电势。

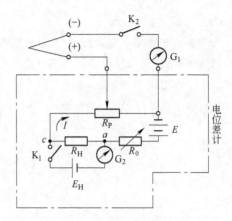

图 6-7 用电位差计测量热电势的原理

电子电位差计采用的是与电位差计相同的原理电路,通过自平衡系统使其始终保持平衡状态。

6.2.4 冷端补偿

用热电偶测温时,热电势大小决定冷、热端温度之差,如果冷端温度固定不变,则决定于热端温度。但是,如果热电偶冷端温度是变化的,将会引起测量误差。为此,常采取一些措施来消除冷端温度变化所产生的影响。

6.2.4.1 冷端恒温

一般热电偶定标时,冷端温度是以 0℃ 为基准,因此在实际应用中,常将热电偶冷端置于 0℃ 的冰、水混合物中,如图 6-8 所示。如在某些情况下不能维持冷端 0℃ 时,则须保持恒温,例如置于恒温室、恒温容器或埋入地中等。但这时须对结果进行修正计算。图 6-9 表示冷端温度为 0℃ 的定标曲线。设冷端温度 t_n 时测得的热电势为 $E(t, t_n)$,若仍用此定标曲线求出实际温度时,可作如下修正计算:

$$E(t, 0) = E(t, t_n) + E(t_n, 0) \tag{6-8}$$

式中 $E(t, 0)$——冷端为 0℃,热端为 t℃ 时的热电势;

   $E(t_n, 0)$——冷端为 0℃,热端为 t_n℃ 时的热电势。

此式表明,应当由 $E(t, t_n) + E(t_n, 0)$ 来查表求得实测温度 t 值。

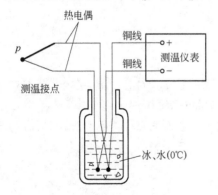

图 6-8 热电偶置于 0℃ 冰、水中

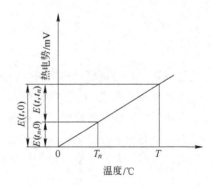

图 6-9 冷端温度为 T_0 时的修正计算

6.2.4.2　冷端补偿

当测温点与冷端距离较长时,为了既能保持冷端温度的稳定,又不使用过多贵金属的热电偶导线,往往采用价廉的导线来代替部分热电偶导线,如图6-10所示。这种廉价的导线称之为补偿导线。在室温范围内,补偿导线的热电性质应与所用热电偶相同或接近。

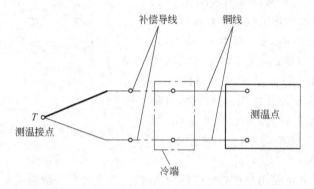

图6-10　补偿导线法

另一种冷端补偿法是补偿电桥法,如图6-11所示。将热电偶冷端与电桥置于同一环境中,电阻 R_H 是由温度系数较大的镍丝制成,而其余电阻则由温度系数很小的锰丝制成。在某一温度下,调整电桥平衡,当冷端温度变化时,R_H 随温度改变,破坏了电桥平衡,电桥输出为 ΔE,用 ΔE 来补偿由于冷端温度变化而产生的热电势变化量。

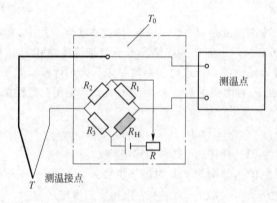

图6-11　补偿电桥法

6.2.5　标定

热电势标定的目的是核对标准热电偶热电势－温度关系是否符合标准,确定非标准热电偶的热电势－温度标定曲线,也可以通过标定消除测量系统的系统误差。

标定方法有定点法与比较法。前者利用纯元素的沸点或凝固点作为温度标准,后者利用高一级精度的标准热电偶与被标定热电偶放在同一温度的介质中,并以标准热电偶温度计的读数为标准温度。一般工业检测中多用比较法。

6.3 辐射温度计

6.3.1 热辐射的基本概念

任何物体,当其温度高于绝对温度(-273.16℃)时,都将有一部分能量向外辐射,物体温度越高,则辐射到周围介质去的能量越多。辐射能以波动的方式传递出去,且波长范围很宽,可从几微米到几千米,包括 γ 射线、X 射线、紫外线、可见光、红外线,一直到无线电波,如图 6-12 所示。但对于测温来讲,主要是研究物体能吸收的,并在吸收以后又能重新转变为热能的那些射线。比较明显地具有这种性质的射线是波长从 0.8~40 μm 范围内的红外线,其次是 0.4~0.8 μm 的可见光,通常把这种射线称作热射线,它们的传递过程称为热辐射。

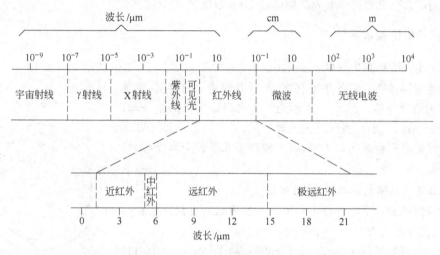

图 6-12 电磁波谱

一般物体都具有热辐射的能力,同时也具有吸收外界辐射热的能力。在同一时间内,辐射与吸收都存在,如果辐射与吸收的能量相等,则处于平衡状态;如果吸收大于辐射,称为吸热,所增加的能量是吸收与辐射两部分能量之差。自然界中所有物体对辐射能都具有吸收、透射和反射的本领。如图 6-13 所示,设有能量为 Q_0 的热射线辐射到某物体上,其中 Q_A 被吸收,Q_R 被反射,Q_D 透过该物体,因此有

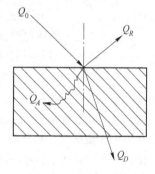

图 6-13 物体对于辐射能的
吸收、反射与透射现象

$$Q_A + Q_R + Q_D = Q_0 \qquad (6\text{-}9)$$

或

$$\frac{Q_A}{Q_0} + \frac{Q_R}{Q_0} + \frac{Q_D}{Q_0} = 1$$

或

$$A + R + D = 1 \qquad (6\text{-}10)$$

式中 $A = \dfrac{Q_A}{Q_0}$,物体对于辐射能的吸收率;

$R = \dfrac{Q_R}{Q_0}$,物体对于辐射能的反射率;

$D = \dfrac{Q_D}{Q_0}$,物体对于辐射能的透射率。

当 $A=1$ 时,必然 $R=0,D=0$,这说明落在物体上的辐射能全部被吸收,这类物体称为绝对黑体,或简称黑体;当 $R=1$ 时,说明辐射能全被反射,这类物体称为绝对白体,简称白体;当 $D=1$ 时,说明辐射能全被透射,这类物体称为绝对透明体。

在自然界中并没有绝对黑体、绝对白体与绝对透明体。A、R、D 的数值由物体的性质、表面状态、温度以及辐射线的波长等因素来决定。对红外线而言,石油、煤烟、雪等均接近黑体;而磨光的金属接近白体;双原子气体 O_2、N_2 等接近透明体。玻璃对可见光来说是透明体,但对红外线来讲,却几乎是不透明体;白色的表面只能反射可见光线,对于红外线,白布与黑布一样能吸收。

红外线的穿透能力不强,对于固体和液体,只在表面很薄一层内,就能把它全部吸收或反射掉。因此,固体和液体对红外线来讲,不是透明体,可认为 $D=0$,因而 $A+R=1$。显然,A 大则 R 必然小;换言之,凡是善于吸收的物体,就不善于反射,反之亦然。

6.3.2　热辐射的基本定律

6.3.2.1　绝对黑体模型

虽然绝对黑体在自然界中不存在,但可以制造一种模型,使其性质接近于绝对黑体。图 6-14 所示是一个内表面涂黑的空心球,球壳上开一小孔,从小孔斜射进去的辐射能,要在球内以过无数次的反射后才能有机会从孔口出来,所以辐射能几乎被全部吸收,可视为 $A\approx1$。

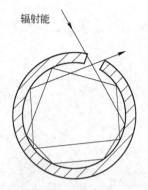

辐射能

图 6-14　黑体模型

6.3.2.2　普朗克(M.Planck)定律

普朗克定律揭示了在各种不同温度下黑体辐射能量按波长分布的规律,其关系式为

$$e_0(\lambda,T)=(C_1/\lambda^{-5})/[\exp(C_2/\lambda T)-1] \tag{6-11}$$

式中　　$e_0(\lambda,T)$——黑体的单色辐射强度,定义为单位时间内,在波长附近每单位面积上辐射出的单位波长的能量,$W/(cm^2\cdot\mu m)$;

T——黑体绝对温度,K;

C_1——第一辐射常数,$C_1=3.74\times10^4$,$W\cdot\mu m^4/cm^2$;

C_2——第二辐射常数,$C_2=1.44\times10^4$,$\mu m\cdot K$;

λ——波长,μm。

式(6-11)可用图 6-15 所示曲线表示,由曲线可以看出,当波长 $\lambda\rightarrow0$ 及 $\lambda\rightarrow\infty$ 时,$e_0(\lambda,T)=0$,并且辐射强度的最高峰是随着物体温度的升高而转向波长较短的一边。

6.3.2.3　斯忒藩(Stefan)-玻耳兹曼定律(Boltzmann)

斯忒藩-玻耳兹曼定律确定了黑体的全辐射能与温度的关系。全辐射能是指物体单位时间内从单位面积上辐射出的总能量,即包括从 $\lambda=0$ 到 $\lambda=\infty$ 的全部波长的总能量。因此,将式进行积分得:

$$
\begin{aligned}
E_0 &= \int_0^\infty e_0(\lambda,T)d\lambda \\
&= \int_0^\infty C_1\lambda^{-5}(e^{C_2/(\lambda T)}-1)^{-1}d\lambda \\
&= \sigma T^4
\end{aligned}
\tag{6-12}
$$

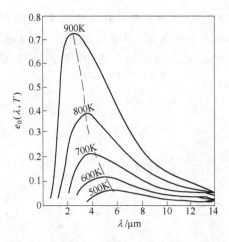

图 6-15　黑体辐射强度与波长和温度的关系

式中　σ——斯忒藩-玻耳兹曼常数,$\sigma = 5.67 \times 10^{-8}$,W/(m²·K⁴)。

上式表明,黑体的全辐射能是与其绝对温度的四次方成正比,所以这一定律又称为四次方定律。工程上常见的材料一般都遵循这一定律,并称之为灰体。

将灰体全辐射能 E 与同一温度下黑体全辐射能 E_0 相比较,就得到表征物体性质的另一个特征量。

$$\varepsilon = \frac{E}{E_0} \tag{6-13}$$

ε 称为黑度,反映物体接近黑体的程度。黑度说明物体辐射能力的大小程度,它的数值 0～1 之间。各种物质的黑度是不同的,其数值决定于物质的性质、表面状态、温度等因素,通常用实验方法测定。常用材料 ε 的值,如表 6-2 所示。

表 6-2　一些物体表面法向全辐射黑度

表　　面	t/℃	ε
高度磨光铝板(Al98.3%)	225～574	0.039～0.057
氧化铝板	148～505	0.20～0.31
高度磨光黄铜(Cu73.2%,Zn26.7%)	246～370	0.028～0.031
无光泽黄铜板	50～350	0.22
钢(磨光)	100	0.066
生铁(磨光)	426～1020	0.14～0.38
铸铁(车削)	22	0.44
软钢(氧化面)	232～1060	0.20～0.32
水	0～100	0.95～0.963
雪、霜	-5	0.95
光面玻璃	—	0.94
涂在铁板上的油漆	23	0.904

6.3.3　辐射温度计的工作原理

辐射温度计的工作原理是基于四次方定律。图 6-16 是辐射温度计的工作原理图。被测物体的辐射线由物镜聚集在受热板上,受热板是一种人造黑体,通常为涂黑的铂板,当吸收辐射能以后,温度升高,由接在受热板上的热电偶或热敏电阻测定。通常被测物体是 $\varepsilon < 1$ 的灰体,如果以黑体辐射作为基准进行定标刻度,那么知道了被测物体的 ε 值,即可根据式(6-12)、式(6-13)求得被测物体的温度。

$$\varepsilon\sigma T^4 = \sigma T_0^4$$

$$T = \frac{T_0}{\sqrt[4]{\varepsilon}} \qquad\qquad (6-14)$$

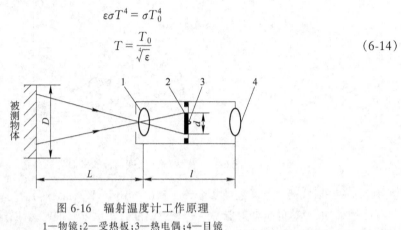

图 6-16　辐射温度计工作原理
1—物镜;2—受热板;3—热电偶;4—目镜

6.3.4　辐射温度计的分类及应用

辐射温度计是依据热辐射原理来检测温度。常用的辐射温度计有光学高温计、光电比色高温计、红外温度计和光导纤维温度计等。

电磁辐射的传播无需任何媒介物。用辐射温度计测温,感温元件不需与被测物体接触,因而也称非接触式温度计。正是由于感温元件不与被测物体直接接触,不存在元件被烧毁、侵蚀或磨损等问题,因而测温上限高,寿命长;感温元件不进入被测空间,不会破坏其温度分布可能减少的测量误差;还适宜于运动着的物体工作表面温度的测量。此外,感温元件的热惯性可以很小,输出信号可以足够大,因而测温滞后小,灵敏度高。主要缺点是测温的准确度不够高。尽管如此,由于非接触式测温的若干特点,此类测温仪表在冶金工业中应用也较广。

6.4　红外温度计

波长在 $0.8 \sim 400~\mu m$ 的红外光,其辐射强度与温度及波长之间的关系,仍然可由普朗克定律确定,因此可以通过测量一定波长下的红外辐射强度来确定物体的温度。利用红外辐射测定温度的方法,将非接触式测温向低温方向延伸,低温区已至 $-10\,^{\circ}\mathrm{C}$,高温区达 $3000\,^{\circ}\mathrm{C}$ 。

现以某产品 WLD-31 型红外温度计为例,其结构原理如图 6-17 所示。它由感温器和显示仪表两大部分组成。被测物体的表面辐射能量由物镜会聚经调制盘(又称切光片)反射到滤光片上,一定波长的红外线透过探测元件而被接收。仪器中一个用作比较的参考辐射源参比灯的辐射能量则通过另一路聚光镜会聚,经反射镜并穿过调制盘的叶片空间也到达探测元件上。

由微电机驱动旋转的调制盘可使被测辐射能量与参比辐射能量交替被红外探测元件接收,从而分别产生了两个相位相差 $180°$ 的电信号。从探测元件输出的脉冲信号是这两个信号的差值。差值信号由电子线路放大,并经相敏检波成为直流信号,再经直流放大处理,以调节参比灯的工作电流,使其辐射能量与被测能量相平衡。参比灯的辐射能量始终精确跟踪被测辐射能量,以保持平衡状态,再将参比灯的电参数经过电子线路进一步处理,输出的统一信号送显示仪表记录的被测的温度。在量程范围内为了适应辐射能量的变化特点,电路设有自动增益控制环节,以保证仪器电路有适当的灵敏度和正常工作。

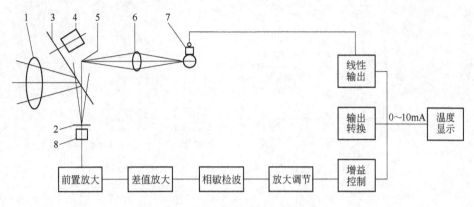

图 6-17 红外温度计结构原理

1—物镜;2—滤光片;3—调制盘;4—微电机;5—反光镜;6—聚光镜;7—参比灯;8—探测元件

仪表的测量范围分 150~300℃、200~400℃、300~600℃、400~800℃、600~1000℃、800~1200℃、900~1400℃ 和 1100~1600℃（可扩展至 2500℃）等几挡。在 400~800℃ 及以下各量程,采用硫化铅光敏电阻作探测元件,并配合锗滤光片,工作光谱范围在 1.4~1.7 μm。在 600~1000℃ 及以上量程,采用硅光电池作探测元件,并配合有色光学玻璃滤光片,工作光谱范围在 0.8~1.1μm。仪表准确度可达测量上限 $\pm 1\%$。

6.5 光导纤维温度计

综上所述,电阻、热电、辐射等多种测温方法,在工业生产中得到了广泛应用。但在某些情况下,如高压、电场、磁场、易燃易爆及腐蚀性环境中,上述测温方法则有一定的局限性。

近年来发展的光导纤维检测技术,由于具有信息传输量大、抗干扰性强、耐高压、耐腐蚀、体积小、可弯曲、灵敏度高、能进行动态非接触测量以及适应范围宽（可测力、位移、温度及速度等）等一系列优点,所以在光纤测温技术上得到了相应的发展。

光导纤维温度计一般可分两类,即物性型与结构型。

6.5.1 物性型光导纤维温度计

物性型光导纤维温度计是通过光纤把输入物理量变换为调制的光信号。其工作原理是基于光纤的光调制效应,即改变纤维环境,如应变、压力、温度等,就可以改变光传播中的相位与光强。因此,如能测出通过光纤的光相位或光强变化,就可以测得未知物理量的变化。由于这种传感器的原理是利用光纤对环境变化的敏感性,因此又被称之为敏感元件型或功能型传感器。

图 6-18 是一种利用相位调制检测温度的仪器原理图,即马赫－曾德尔（Mach-Zehnder）干涉仪。由激光光源射出的光通过分光器分为两束,一束送入参考光纤,作为基准信号;另一束送入敏感光纤,此光纤置于被测的温度场内,其长度将随温度而变化,这种变化将引起传输光的相位变化。由敏感光纤返回的光信号与参考光纤的信号再通过分光器组合起来,在光控测器上产生干涉现象,通过检测干涉条纹数就可确定温度的量值。

利用相位调制方法来检测温度的最大优点是灵敏度高,准确性好,但结构较为复杂。

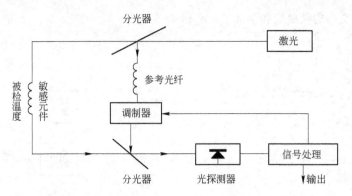

图 6-18　相位调制型马赫－曾德尔干涉仪工作原理

6.5.2　结构型光导纤维温度计

结构型光导纤维温度计是由光检测元件和光纤传输回路组成的测量系统,光纤仅起传输光通路的作用,所以又称之为传光型或非功能型光纤传感器。

结构型光纤温度计通常由前置敏感元件感测温度,再将温度量变成光信号。在这一类传感器中,最典型的是位移型前置敏感元件,如图 6-19 所示。光源通过入射光纤将光束射到前置敏感元件的反射面上,接收光纤将反射光传输到探测器上。如果温度变化,前置敏感元件将发生位移,于是温度变化通过位移的变化使接收光纤获得反射光强的变化。用探测器检出光强变化,并转换为电压变化量,然后再作信号分析处理。

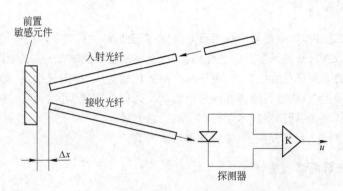

图 6-19　结构型光纤温度传感器工作原理

另一种传光型光纤温度计是光纤红外辐射温度计,其工作原理如图 6-20 所示。该温度计由光路系统与电路系统两部分组成。

光路系统由探头、光缆和探测单元组成。光缆是用金属软管防护的光导纤维束,有一定柔韧性,可任意弯曲,两端带螺纹接头,分别与探头和仪器的检测单元接口连接。被测辐射能量由探头中的物镜会聚后进入光缆,并传送到检测单元。检测单元包括滤光器、探测器与前置放大器。滤光器的作用是限制工作光谱的范围;探测器为硅光电池,可以将接收的光信号转换为电信号;前置放大器将电信号放大后再传输给信号处理系统。

电路系统由探测器、前置放大器、发射率(ε)校正、峰值检测、V/I 转换、A/D 转换、数字显示与恒温控制等组成。

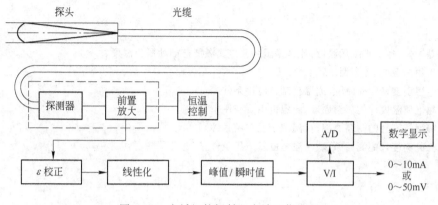

图 6-20 光纤红外辐射温度计工作原理

6.6 轧钢生产中的温度测量

轧制生产中,温度是重要的检测项目,对各种温度计的要求量大面广。目前实用中的温度传感器主要是热电偶和辐射温度计。全辐射高温计、硅光电池比色高温计、光电管色高温计、红外辐射高温计等非接触式测温仪已实用化,主要用于开坯、粗轧机出口、精轧机入口和出口、卷取机入口等处的温度测量。

德国生产的板坯温度计量程为 800～1200℃,精度为 1.5%;卷取机温度计量程为 500～700℃,精度为 1.5%;SIMENS 公司生产的温度计量程为 500～1750℃,响应时间为 0.001 s,精度为 1%。

在国内,目前有上海自动化仪表所、云南仪表厂、鞍山光学仪表厂近 10 家企事业单位研制生产温度检测仪表。其中,上海自动化仪表所研制的红外辐射双传感器测温装置,量程为 800～1400℃,精度为 1.5%,距离系数为 30,具有平均值、最大和最小值、采样保持、自检工作状态指示、越限报警等功能,用于加热炉钢坯表面温度的测量。WFHZ 红外辐射温度计量程为 50～1500℃ 和 200～1900℃,响应时间不大于 1 s,距离系数为 30,具有时间、自检、报警功能。个别品种的响应时间可达 30 ms,距离系数为 200,适用于精轧机出口、卷取前等部位的温度测量。云南仪表厂引进美国 LAND 公司技术,现已经可以提供产品。

当今,对温度计的要求是:能适应各种不同工况条件,检测精度高,由于环境条件而引起的测量误差最小,价格不能太贵。如厚板轧件加热炉内板坯温度的测量,如果在微波波长范围内进行辐射测温,有可能造成非接触式抗外扰测温系数,但目前在技术上尚不成熟。若用两个热丝和热电偶组合的测温梯度的温度计,根据两个温度梯度用连接的运算回路得知表面温度,这种测温原理被认为是可行的,但有待于确认其实用性。对于板坯内部温度,似乎可用热传导计算外推的方法求得。

又如,冷轧机工作辊温度的测量,要求能在蒸汽、轧制润滑油飞溅的情况下,以及轧辊旋转状态下(最大圆周速度 3000 m/min)测温。在蒸汽非常多的情况下,普通辐射温度计难以测量,需要在微波波长范围内进行辐射测温,因为微波比红外线要抗水蒸气。此外,使用晶体温度计,利用晶体振荡频率随温度变化的原理测量,虽然接触旋转体,但信号传递可为非接触式。再如,表面覆层设备中的钢板温度测量,要求应不受钢板表面状态(氧化状态、表面粗糙度)的影响,测量范围 0～600℃,精度为 ±0.5%。采用两个加热丝和热电偶组合的测温梯度的温度计,根据两个温度梯度用运算回路得知钢板表面温度,这个原理也是可行的。

思 考 题

6-1　什么是温标,什么是国际温标,什么是国际开尔文温度与国际摄氏温度?

6-2　简述常用测温方法、类型及特点。

6-3　简述电阻温度计测温原理、测温范围及应用条件。

6-4　简述热电偶温度计的测温原理、测温范围及应用条件。

6-5　简述辐射温度计的测温原理、测温范围及应用条件。

6-6　简述红外温度计的测温原理、测温范围及应用条件。

7 轧制过程在线检测

自 20 世纪 60 年代以来,随着计算机自动控制技术的广泛应用和整个科学技术水平的不断提高,轧钢生产技术进入了飞跃发展的阶段。在现代化的轧钢生产过程中,在线检测越来越重要。它不仅关系到产品质量,也关系到技术经济指标的提高。例如有了在线自动测厚,就能大大提高板带生产的成品率,并为自动厚度控制提供条件。因此,在线检测已成为重要的工艺参数测量任务。

7.1 带钢厚度检测

在板带生产中为了保证产品质量,产品的厚度测量和控制是十分重要的。一般说,钢板处于高速运动,并在振动,高温,冷却水,润滑油和粉尘多的恶劣环境之中,但仍要求有高精度的测量和反应速度,记录和控制的信号要易于实现生产自动化。随着板带材轧制技术的发展,对板带材厚度在线测量多用非接触式仪表,常用的测厚仪以射线式测厚仪为主。

射线式测厚仪是利用射线与物质相互作用时,为物质所吸收的效应来进行测量的一种仪表。其主要特点:

(1)可进行连续和不接触地测量;

(2)测量精度较高;

(3)反应速度较快;

(4)能够给出供显示、记录与控制的电信号,易于实现生产自动化。

7.1.1 射线式测厚仪的工作原理

由于原子核的不稳定性,能自发地放射出 α 射线,β 射线,γ 射线;而且具有不受外界作用能连续放射射线的能力,这些射线能穿透物质使其电离。放射性元素有天然放射性元素和人工放射性元素之分。一切铀化合物、钍、镭等元素都具有天然放射性。由原子反应堆生产出的放射性元素称为人工放射性元素。如果放射源的半衰减期足够长,那么,在单位时间内放射出来的放射数量是一定的。当 α 射线、β 射线、γ 射线、X 射线穿透物质时它的强度会逐渐减弱,这是由于钢板吸收了射线的能量。被吸收的数量取决于被测物质的厚度。因此,如果能测得被吸收后射线的强度,就可以知道被测物质的厚度。射线穿透物质能量衰减的规律用下式表示:

$$I = I_0 e^{-\mu x} \tag{7-1}$$

式中　I_0——入射射线强度;

I——穿过被测材料后的射线强度;

μ——吸收系数;

x——通过物质的厚度。

穿透式测厚仪的放射源和检测器分别置于被测带材的上、下方,其工作原理如图 7-1 所示。当射线穿过被测材料时,一部分射线被材料吸收;另一部分则透过被测材料进入检测器,为检测器所接受。

当 I_0 和 μ 一定,则 I 仅仅是 x 的函数。所以,如果测出 I 就可以知道厚度 x 值。但是由于被测材料不同,对于相同厚度的材料,其吸收能力也不相同。为此要利用不同检测器来检测穿透过来的射线,将其转换为电流量,经过放大后用专用仪表指示。

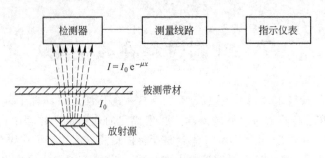

图 7-1　穿透式测厚仪原理图

放射源的选择主要是根据其特性、射线种类和能量以及半衰期,按待测的厚度范围来选择合适的射线种类和能量。

由于射线穿过物质的能力与其种类和能量有关,α 射线能量最弱,几乎穿不透一张纸,所以在轧制生产上不能作为测厚仪的放射源。β 射线只能穿过厚度为几十微米至一千微米的带钢,故 β 射线测厚仪常用于薄带钢的测量。一般 β 放射源可测到 1.2～1.5 mm 的带钢,如钷147(Pm147)发射的 β 射线可以测量 0.04～0.8 mm 的箔材厚度。锶90(Sr90)及其子体钇90(Y90)的 β 射线可以测量 0.05～0.8 mm。而 γ 射线能量较强,可测带钢厚度范围较宽,如镅241(Am241)发射的 γ 射线可测量 0.1～3 mm 厚的带钢,铯137(Cs137)发射的 γ 射线可测量几毫米至几百毫米厚的钢板,适于中厚板厚度的连续测量。

X 射线和 γ 射线一样,均属电磁波。从产生机构上来说,γ 射线是原子核内部变化后放射出来的射线,而 X 射线则是由原子核外产生的。X 射线强度的大小可以靠改变加在 X 射线管上的高压电压来选择。所以 X 射线和 γ 射线一样,可以测量厚度较厚的带钢,而且 X 射线的防护问题要比 γ 射线简单得多。各种穿透式射线测厚仪的一般特征和使用范围如表 7-1 所示。

表 7-1　X 射线测厚仪的技术性能

项　　目	X 射线测厚仪
测定范围	0.1～8 mm,1～30 mm
设定精度	±0.1%
噪　声	±0.05%(~8 film),±0.1% 以下(8～20 mm)
时间常数	10/30 ms
漂　移	±0.2%/8 h

7.1.2　X 射线测厚

X 射线测厚仪是各种放射线测厚仪中历史最久的一种,它在 20 世纪 40 年代后期就开始在轧钢生产线上使用。用于轧钢机组的大型化、连续化,特别是用作控制中枢的自动化系统后,X 射线测厚仪更成为十分重要的检测仪表,用来为厚度控制(AGC)系统提供闭环信号。

X 射线测厚仪的测量方式分为单射线束和双射线束两种。前者是用同一 X 射线束进行测量和校正;后者是把 X 射线束一分为二,一束用来比较测量基准,一束用来被测量的物体。双射线束式测厚仪的工作原理,如图 7-2 所示,一束射向标准楔进入下部电离室用于参比。将两束射线透过后的强度进行比较,从平衡点的楔位置求出厚度。单射线束响应速度较双射线束快,但精度不及双射线束高。表 7-1 为 X 射线测厚仪的技术性能。

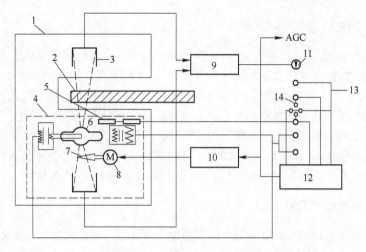

图 7-2 双射线束式 X 射线测厚仪原理图

1—C 形架；2—被测钢板；3—电离室；4—X 射线箱；5—样板；6—X 射线管；7—标准楔；
8—伺服电机；9—偏差放大器；10—伺服放大器；11—偏差指示表；
12—厚度设定器；13—调零装置；14—标准开关

7.1.3 β 射线测厚

β 射线测厚仪常用的 β 射线源和测量范围列于表 7-2 中。

表 7-2 β 射线源与测量范围

射 线 源	测 量 范 围	
	铝	铁
氪 Kr^{85}	0.1～0.42 mm	0.007～0.17 mm
铊 Tl^{204}	0.02～0.45 mm	0.008～0.2 mm
锶 Sr^{90}	0.12～2.2 mm	0.032～0.85 mm
铈 Ce^{144}	0.2～3.7 mm	0.06～1.5 mm
钌 Ru^{160}	0.2～4.0 mm	0.065～1.7 mm

在测量极薄带材时，X 射线能量过高不便使用。β 射线则适用于 0.8 mm 以下的钢带和铜带等金属材料。

7.1.4 γ 射线测厚

γ 射线测厚仪常用的 γ 射线源和测量范围列于表 7-3 中，对于厚钢板来说，X 射线强度不够，采用 γ 射线测量范围较广。γ 射线测厚仪的特点在于能对轧制中的高温钢板进行非接触连续式测量，能在恶劣条件下可靠的工作。

表 7-3 γ 射线源与测量范围

射 线 源	测 量 范 围		
	铁	铝	铜
镅 Am^{241}	0.1～7 mm	2.5～55 mm	0.1～5 mm
铯 Cs^{137}	4～100 mm	11～200 mm	5～80 mm
钴 Co^{60}	3.7～100 mm 以上	30～300 mm	100 mm 以上

7.2　带钢宽度的测量

轧制生产过程中,需要正确地测定钢板宽度,以便进行产品的质量管理和板宽控制等。热轧车间环境恶劣,有水蒸气、冷却水、振动、高温等;但仍要求高的测量精度,并反馈给轧机来控制板宽。而在冷轧车间,为了在质量管理中使用测宽仪,它必须有稳定的精度。为了测量轧件宽度,通常是在带钢连轧机粗轧机组和精轧机组的末架轧机出口侧安装测宽仪。

连续测定板宽的测宽仪都是非接触式的,并依据使用的检测介质(光、超声波)和检测装置进行分类。现在在线使用的,多数是光电式的。依据使用的车间,也可对测宽仪进行分类,例如冷轧车间使用伺服式冷轧测宽仪、CCD 测宽仪,热轧带钢车间使用光电测宽仪。

7.2.1　热轧带钢板宽的测定方法

光电测宽仪可以连续测定热轧带钢车间高速运动的高温带钢的宽度。在钢板姿态变化较少的粗轧机组出口和精轧机组出口使用单眼式和双眼式光电测宽仪。表 7-4 给出了单眼式和双眼式光电测宽仪的特征参数。

表 7-4　光电测宽仪的特征参数

特征参数	种类	单 眼 式	双 眼 式
测宽范围		400～2200 mm	600～2300 mm
偏差及指示偏差		25 mm	±25 mm
轧制线变动范围	向上方	0～300 mm	0～300 mm
	向左右方	±75 mm	±75 mm
离线精度		±0.5 mm	±0.5 mm 可将轧制线变动与偏差组合
响应速度		40 ms	40 ms

这种测宽仪的特点:

(1)由于钢板通过下部光源作为完整的影像测定出来,故不易受钢板的温度变化,钢板上铁皮等的影响,可高精度地进行测定。

(2)采用微控制器,具有各种补偿和自动诊断功能。

(3)由于采用高精度移动机构,精度非常稳定。

图 7-3 所示为光电测宽仪的原理。在钢板上方装设检测部分,它内部装有两组扫描器,扫描器的间隔根据钢板宽度预先设定。连续地扫描测定钢板两侧的边部位置。为使钢板边部有强烈反差,在下方装设光源,即采用背影光源方式。通过光学系统,在旋转狭缝上形成钢板边部的像,通过旋转狭缝变换成与时间对应的信号。通过旋转狭缝的光在光电倍增管内变换成电脉冲信号,并在脉冲信号上施加基准时钟信号,根据这个数字测定值和宽度设定值,求出宽度偏差和板材中心的横向摆动。

7.2.2　冷轧带钢板宽的测定方法

7.2.2.1　冷轧伺服测宽仪

冷轧伺服测宽仪用于冷轧车间,连续测定 100℃ 以下的钢板宽度(见图 7-4)。广义上讲,它也包含在光电测宽仪中,其主要特点是:

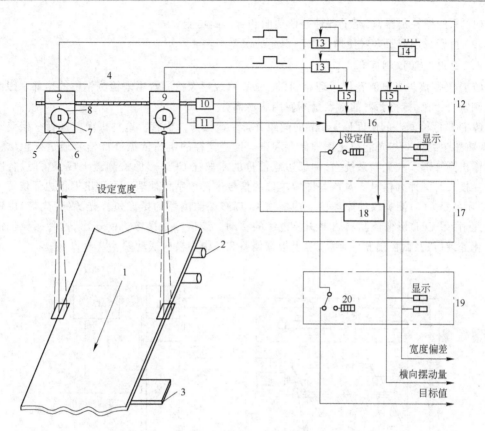

图 7-3　光电测宽仪原理图

1—带钢；2—轧机辊道；3—下部光源；4—检测部分；5—扫描器；6—透镜；7—光电倍增管；
8—旋转狭缝；9—前置放大器；10—电机；11—编码器；12—控制部分；13—门电路；14—振荡器；
15—计数器；16—微处理机；17—设定部分；18—伺服放大器；19—操作值；20—设定值

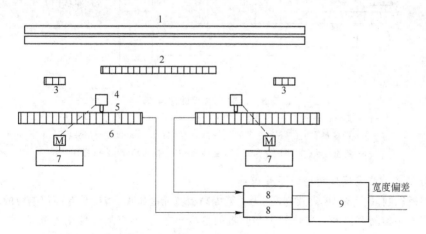

图 7-4　冷轧伺服式测宽仪原理图

1—光源；2—被测板；3—校正片；4—边部检测器；5—读数头；6—磁尺；
7—伺服放大器；8—正反计数器；9—微处理机

（1）采用微控制器,扩充了各种补偿功能和自诊断功能。

（2）由于采用伺服方式使横向摆动引起的误差小。

7.2.2.2　CCD 测宽仪

CCD 测宽仪与光电测宽仪原理相同,但 CCD 直线影像检测器用来检测钢板的边部。因此与光电测宽仪相比,该检测器的特点是不使用旋转部分。

CCD 影像检测器的中间以 14μm 的间距并排装设摄像二极管。这种摄像二极管一接受到光源,即将感生的电荷与光能成比例地储存起来。这些储存的电荷依据外部信号通过模拟位移寄存器输出到外部。在光学系统中,钢板边缘部分的影像在 CCD 影像检测器上成像,并以各图像单位变换成时间序列信号。对这些图像单位的信号进行数字化处理。可测出钢板边部位置。图7-5 所示的是 CCD 测宽仪的原理图。内装有 CCD 影像监测器的摄像机。光源(荧光灯)由钢板上方照射,用 CCD 影像监测器捕捉钢板边缘的移动。该信号是摄像机的输出,这种摄像机进行数字化处理后,在微控制器内计算,输出板宽偏差和板中心横向摆动差。

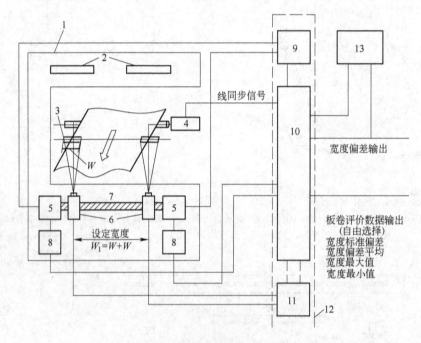

图 7-5　CCD 测宽仪的原理图

1—检测部分；2—光源；3—摄像机测定区域；4—脉冲发生器；5—伺服电机；

6—图像摄像机；7—移送丝杠；8—编码器；9—伺服电机控制部分；

10—微控制器；11—运算器输入前置部分；12—控制部分；13—操作盘

测宽仪的进一步发展应考虑以下几点：

（1）钢板轧制以非常高的速度进行,为了能提高板宽控制精度,需要具有高速响应的测宽仪。

（2）需要小型测宽仪安装在热轧带钢轧机的各机架之间,测定随时变化的宽度。

（3）需要有不受水蒸气等影响的测宽仪和进一步扩充自诊断功能的测宽仪。

7.3　带钢长度的测量

在板带材生产中,对其长度的测量也是十分重要的。板带材长度的测量,通常可根据测量旋转体的转数和半径来确定,例如摩擦轮、轧辊或导向辊,它们都是随运动着的轧件所转动,或者本身就是一个动力辊,其转动造成了轧件的运动。但由于轧件和轧辊间的滑动以及轧制中辊径经常变化,所以测量误差较大,一般有百分之几的偏差,因此以上这种测量方法就不能在轧机自动测量中用。对板带材长度在线测量常用激光测长仪进行。

7.3.1 激光测长仪的结构和原理

激光测长仪由激光器、检测器、电子部件和显示器等组成,其中激光器包括带有高压电源的激光源。由检测器接收测量信号,然后变成脉冲送入电子部件中放大、运算,再由显示器显示出长度。激光测长仪可根据实际情况选用干涉法或差分多普勒法。

7.3.1.1 干涉法

干涉法激光测长仪的原理,如图 7-6 所示。激光器射出的光用透镜把激光束变成一狭长光束,其方向是沿待测物的运动方向。由于光的干涉现象使反射光呈现出一种强变化的光斑。如果物体在运动,那么干涉图形也会运动,因此在光栅后面的电光接受器上就会产生一种与物体运动速度成比例的光频率信号。干涉法激光仪所能测定的速度为 $0.5 \sim 50$ m/s。

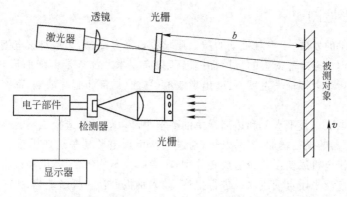

图 7-6 干涉法工作原理图

7.3.1.2 差分多普勒法

差分多普勒法工作原理,如图 7-7 所示。它由激光器发射光经过分光镜变成两条激光束,从运动方向不同的夹角射到物体上。根据多普勒反应,反射光相对于入射光要发生平移,如果这两束光正好射在物体同一位置上,则将两个已平移的反射光重叠而形成一个较低频率的差频,它和两束光的入射角之差与物体运动速度成正比。

差分多普勒法的测量范围为 $0.05 \sim 100$ m/s。

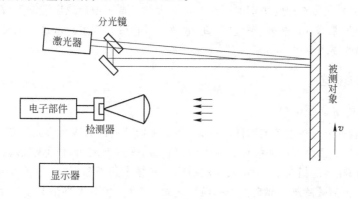

图 7-7 差分多普勒法工作原理

7.3.2　激光测长仪的应用

由前介绍的干涉法和差分多普勒法的原理可知,被测物体的表面特征对测试结果没有影响,一般只要激光束能被反射,那么测量结果就与表面特征无关。厚度对测量结果的影响为:厚度大于或等于 $60\ \mu m$ 时测量结果均准确无误。为了能将此仪器用于测量高温物体,可使用附加滤色片,以遮挡高温轧件的固有辐射射到光电接收器上而影响测量精度。

在实际生产中,轧件的传送多少带有振动,这样带材上表面的运动对激光镜头来说就不仅仅是平移运动,它的每个点可说是作曲线运动,其曲率半径在不断变化,并且不可测定。根据实际测定经验知,当从带材边缘处而不是从上表面测量轧件长度时,对于有振动的轧件,用干涉法较好。

用差分多普勒法测量时,其测定结果与物体振动无关。

激光法测量轧件长度,其优点是速度快,测量精度高,常用在生产线上的剪机和锯机上,均得到满意的效果。

7.4　带钢板形检测

随着科学技术的发展,用户对带钢的质量要求也愈来愈高,尤其是对家电钢板、汽车钢板、镀锡钢板以及电工钢板等冷轧薄板的板形都提出了很高要求。如果带钢断面形状不好,出现过大凸度、楔形、镰刀弯或者带钢平直度不良,出现波浪、翘曲、局部凸起等缺陷,都将严重影响产品的质量及寿命。

电气工业对电工钢板平直度和边部减薄的要求很高。如果制造变压器的硅钢片上存在着板形缺陷,将使变压器的损耗增加,容易发热,对进一步增加电源功率造成困难。带有边部减薄的冷轧电工钢板用于电机或变压器会造成叠片困难,导磁性不均匀,影响电器设备的工作效能。

汽车工作中广泛采用自动流水线进行生产,如果钢板上存在板形缺陷,则不仅无法在自动焊接机上进行自动焊接,而且会由于部件输送受到阻碍使得流水生产线中断。此外,用于深冲的冷轧板带有边部减薄会降低材料的冲压成型性能。民用工业生产的洗衣机、电冰箱、食品罐头等产品对所使用的钢板质量要求也很高,如果因为钢板板形不好而影响其外观质量,会降低产品的价值。对于高速制罐的自动流水生产线而言,板形不良的钢卷会造成卡罐及印花质量不良等故障,影响机组的正常运转。

供冷连轧机组或单机可逆式冷轧机生产的热轧带卷,如果存在浪形、局部高点及楔形等板形缺陷,一方面给带钢头尾焊接造成困难,轧制时容易断带;另一方面也会给冷轧时纠正板形缺陷增加难度,甚至会直接影响冷轧带钢的产品质量。带钢平直度不良或出现镰刀弯和 S 形带钢,将会给后部工序的穿带、剪切、退火、平整、矫直、卷取等操作带来困难。从这种意义上来说,热带钢轧机对板形控制的要求更为迫切。

7.4.1　带钢板形概念

7.4.1.1　何谓带钢板形

所谓板形,直观上是指板带的翘曲程度,其实质是指带钢内部残余应力分布。衡量带钢板形通常包括纵向和横向两个方面的指标。就纵向而言,用平直度表示,俗称浪形,即指板带长度方向上的平坦程度;在板的横向上,衡量板形的指标则是板带的断面形状,即板宽方向上的断面分布,包括板凸度、边部减薄及局部高点等一系列概念。其中,板凸度是最为常用的横向板形代表性指标。

取一定长度的带钢自然地放在一个平台上,如果带钢与平台平面处处贴紧,则谓之带钢平直度良好;如果用锥形尺测量或用肉眼能观察到带钢局部不贴合,离开平台的最大距离超过标准规定值,则谓之带钢存在板形缺陷。这是对最终产品平直度的静态检查方法。

但是,用上述办法无法检查带钢在轧制过程中的动态平直度,必须用特殊的手段才能检测带钢在运动过程中存在的板形缺陷。

板形就其实质而言,是指带钢内部的残余应力分布。作为板形,可分为"显性板形"和"隐性板形"。所谓"显性板形"指的是残余应力足够大,带钢轧后用肉眼即可辨别的板形;而"隐性板形"则指带钢轧后残余应力还不足以引起带钢的浪形,但在后续加工如纵切分条后才显现出来。由于最终轧制是带张力的冷轧,在轧制过程中,大的张力掩盖了实际的板形缺陷,使得轧制的带钢看上去似乎平直,而一旦除去卷取张力后,带钢板形缺陷又重新显露出来。因此,只有精确地检测带钢内部张应力分布,才能及时通过轧机自动控制系统进行板形调整,从而保证实际板形的良好。

至于板带产品的断面形状,可以描述为产品横断面的轮廓,如图 7-8 所示,此轮廓通常由一系列特定位置处的厚度测量值来定义。

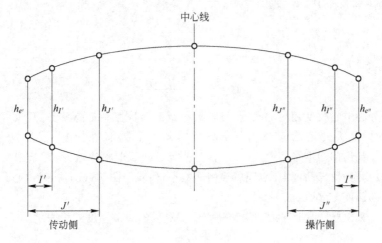

图 7-8　带钢横断面轮廓

(1) 中部厚度 h_c:中部厚度是轧件中心线处的厚度。

(2) 边部厚度 h_I 和 h_J:边部厚度 h_I 和 h_J 分别为距轧件端部距离为 I 和 J 处的厚度。该区域轧件厚度迅速下降,通常将这种现象称为边部减薄。I 值一般取值为 $10\sim25$ mm,J 值一般取值为 $50\sim150$ mm。

(3) 端部厚度 h_e:端部厚度为轧件最端部的厚度,可以在距端部的 $2\sim-3$ mm 处测量。

通常情况下,带钢横断面不是严格对称的,此时一般测量带钢传动侧和操作侧的相应厚度值后取半均值,即

$$h_I = \frac{h_{I'} + h_{I''}}{2} \tag{7-2}$$

$$h_J = \frac{h_{J'} + h_{J''}}{2} \tag{7-3}$$

$$h_e = \frac{h_{e'} + h_{e''}}{2} \tag{7-4}$$

带钢断面形状为矩形的情况是很少的,如图 7-9 所示,通常情况下有中凸和中凹两种形式。

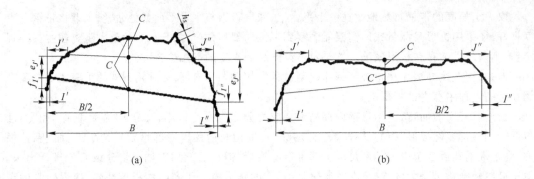

图 7-9　断面形状定义

(a) 中凸; (b) 中凹

(1) 凸度。凸度定义为中心厚度 h_c 和指定的边部厚度之差。其表示方法有两种形式,分别为中心凸度和局部凸度:

1) 中心凸度或整体中心凸度 C_I 为

$$C_I = h_c - \frac{h_{I'} + h_{I''}}{2} \tag{7-5}$$

2) 局部凸度 C_J 为

$$C_J = h_c - \frac{h_{J'} + h_{J''}}{2} \tag{7-6}$$

将凸度区分为中心凸度和局部凸度,对于板的断面形状控制是有意义的。由图 7-9(a)可以看出,在中凸的情况下,中心凸度 C_I 和局部凸度 C_J 均大于零,而在如图 7-9(b)所示的中凹情况下,中心凸度 C_I 和局部凸度 C_J 为一正一负。在进行板断面形状控制时,对于图 7-9(a)情形,当中心凸度 C_I 减小时,局部凸度 C_J 也随着控制而减小,但对于图 7-9(b)情形,中心凸度 C_I 的减小就可能导致局部凸度 C_J 的增加。

(2) 楔形。楔形通常用带钢传动侧和操作侧所对应的边部厚度差值表示。

$$\delta h_I = h_{I'} - h_{I''} \tag{7-7}$$

当 $\delta h_I > 0$ 时,定义为传动侧楔形,即

$$h_{I'} > h_c > h_{I''} \tag{7-8}$$

当 $\delta h_I < 0$ 时,定义为操作侧楔形,即

$$h_{I''} > h_c > h_{I'} \tag{7-9}$$

(3) 边部减薄。边部减薄定义为边部厚度 h_I 和 h_J 之差。边部减薄可以描述为以下 3 种形式:

1) 平均边部减薄为

$$e_h = \frac{h_{J'} + h_{J''} - h_{I'} - h_{I''}}{2} \tag{7-10}$$

2) 传动侧边部减薄为

$$e_{h'} = h_{J'} - h_{I'} \tag{7-11}$$

3) 操作侧边部减薄为

$$e_{h''} = h_{J''} - h_{I''} \tag{7-12}$$

(4) 局部高点。定义为在带钢断面上局部的厚度增厚,如图 7-9(a)中 h_s 所示,用该处的实际

厚度与断面轮廓线的厚度差值表示。而断面轮廓线厚度即名义厚度可以通过回归分析的非线性曲线拟合法来确定。

7.4.1.2　带钢板形缺陷的种类

就板形控制而言,通常要考虑的是以下 4 种主要带钢板形形式(见图 7-10):

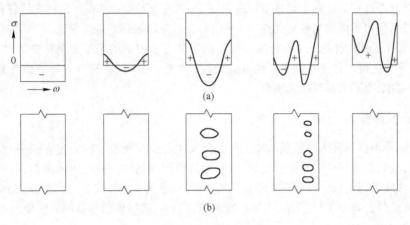

图 7-10　带钢板形形式

(a)应力分布;(b)带钢形状

(1)理想的板形。理想的板形指的是当带钢宽度方向内部应力相等时的纯理论情况。这种理想的平直板形在外部张力去除以及带钢精整分条后仍然保持不变。

(2)潜在的板形。潜在的板形即为"隐性板形",它相当于带钢宽度方向内部应力不等,但带钢的截面模量又大得足以抵抗翘曲变形时的情况。具有潜在板形的带钢在没有外部张力作用的情况下仍然是保持平直的。不过,精整分条后的带钢,由于内部潜在应力的释放,浪形就会显现出来了。

(3)表现的板形。表现的板形即为"显性板形",它相当于带钢宽度方向内部应力不相等,同时带钢的截面模量不能大到足以抵抗翘曲变形时的情况,导致带钢的局部出现弹性翘曲。在一定的外部张力作用下,由于带钢内部整体压应力的降低,就有可能使原先的"显性板形"转化为"隐性板形"。不过,去除外部张力以及带钢精整分条后,又会显现出表现的板形。根据浪形发生的部位不同,表现的板形又可分为以下几种:

1)边浪。带钢边部的厚度减薄量大于中部,从而引起边部的延伸量大于中部而出现边浪。边浪又有单边浪、双边浪和不对称双边浪 3 种。产生边浪的主要原因是总轧制力过高,投入错误的工作辊弯辊,负弯辊量过大,而且没有切换到正弯辊,工作辊凸度过平或工作辊温度边部高于中部。边浪可以由弯辊和轧辊横移来消除。单边浪由调整单侧压下解决。

2)中浪。带钢中部的厚度减薄量大于边部,从而引起中部的延伸量大于边部而出现中浪。产生中浪的主要原因是总轧制力太小,工作辊的正弯辊力过大,没有切换到负弯辊,工作辊凸度过大或轧辊中部热膨胀过大。中浪可以由弯辊和轧辊轴移来消除。

3)1/4 浪。波浪出现在中部和边部之间、板宽的 1/4 处。这主要是由于连续较长时间轧制后,辊中部与边部产生较大温度差,同时辊中部又受到大水量冷却,因而在与板宽 1/4 处相对应的地方辊温偏高,这种局部的热膨胀是产生 1/4 浪的来源。此外,采用小辊径工作辊的六辊轧机,由于轧辊的刚性较小,工作辊的弯辊效果不能深入到板宽的中心,不当的弯辊力设置可能会导致 1/4 浪。1/4 浪可以靠加强对该处的局部冷却进行消除,也可以通过对六辊轧机的合理弯辊设置予以解决。

（4）双重的板形。双重的板形指的是带钢的一部分具有潜在的板形,而另一部分具有表现的板形的情况。带钢单侧的边浪或单侧的 1/4 浪就是这种板形形式的典型例子。

对于带钢产品来说,保持板形的绝对平直当然最好,但这在实际生产过程中是很难实现的。因此,通常针对冷轧产品的厚度规格及用途的不同,允许带钢产品存在一定程度的轻微浪形。如对于普通带钢,针对不同的浪距可允许有 3～10 mm 不等的浪高。但是对于刀片用钢而言,成品板材只要超过 1 mm 的浪高就属不合格。至于用于制造电视机的荫罩带钢则更为严格,要求该产品在置于平台上时即使用指甲也不能将其掀起。此外,用于制造建筑物外墙面的彩涂夹芯板出于美观的考虑,也要求其基板无浪形。

7.4.2　板形检测技术

带钢板形检测仪器分为接触式和非接触式两大类。作为所检测的内容,一种是测量带钢平直度(纤维长度),以检测带钢的显性板形;另一种是检测带钢横向张应力的分布,以检测带钢的隐性板形。热轧带钢的板形检测仪要求在高温、潮湿的恶劣环境中工作,且热轧带钢是在无张力下运行,最常见的是如图 7-11 所示,采用非接触激光测距,直接检测带钢的显性板形即可。

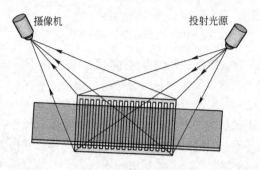

图 7-11　热轧板形检测

冷轧带钢一般前后有大的张力,在轧制过程中大的张力掩盖了实际的板形缺陷,使得轧制的带钢看上去似乎平直。因此要求该板形仪必须能够检测出带钢的隐性板形,此时,只有精确地检测带钢内部张应力分布,才能及时通过轧机自动控制系统进行板形调整,从而保证实际板形的良好。

冷轧板形检测目前采用最多的是瑞典 ABB 公司的分段接触式板形辊。它是通过将测量辊分成若干个测量区段,并在每区段内安装测量传感器。测定带钢沿宽度方向上各段的径向力分布,在经过数学转化得到相应张应力分布,从而来判断板形缺陷的类型和大小。分段接触式板形辊以其较高的测量精度和稳定性得到世界上众多冷轧生产厂家的认可。近年来,出于减少测量辊辊面磨损及带钢板面划伤考虑,西门子公司开发了一种采用电涡流传感器检测的 SI-FLAT 非接触式板形仪,由于不存在与板面接触的磨损,不需标定装置且测量结果不受带钢速度的影响,并可达到甚至超过接触式板形辊的检测精度,因而预计在冷轧领域将会有较为广阔的应用前景。

7.4.2.1　ABB 带钢板形检测仪的基本原理

（1）板形测量辊的结构。如图 7-12 所示,ABB 板形测量辊由实心的钢质芯轴和经硬化处理后的热压配合钢环组成,芯轴沿其圆周方向 90°的位置刻有凹槽,凹槽内安装有压力测量传感器。每个分段的钢环标准宽度为 52 mm,称为一个测量段。在带钢边部区域,为有利于精确测量,分段钢环的宽度可选择为标准宽度的一半,即 26 mm。测量辊直径一般为 313 mm,具体辊身长度根据覆盖最大带钢生产宽度所需的测量段段数而定。在测量辊每个钢环下的芯轴凹槽内都装有磁弹性压力传感器,可感受的变化力为 3N。钢环质硬耐磨(硬度为 54 ± 2 HRC),具有足够的弹性以传递带钢所施加的径向作用力。为保证各测量段测量单独进行,各环间留有 0.01 mm 间隙,环厚 10 mm。当测量辊外径因磨损减小 6 mm 时,其测量特性不会受到影响。在轧制过程中,带钢与 ABB 测量辊相接触,由于带钢是张紧的,因而在 ABB 测量辊上产生张应力。当测量辊转动,电磁传感器与带钢接触时,产生激磁并输出相应的电磁信号,该电磁信号的大小反映了带钢在 ABB 辊子上产生的张应力的大小。电磁传感器的工作频率为 2000 Hz。所测得的电信号经过相应的线路传送给 ABB 信号处理电路。

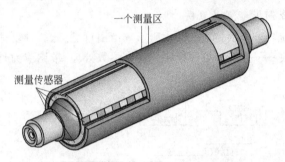

图 7-12　传感器在 ABB 板形测量辊的分布

(2) ABB 信号处理电路。在 ABB 信号处理电路中,来自各测量通道的模拟信号经多路转换器和 A/D 转换器送至算术运算单元,在此把 ABB 辊环每转一圈所产生的四个电磁信号,即四次测量辊环的径向力值累加后除以 4,便求得其平均径向力值,作为 ABB 辊每转一圈测得的每个测量段上径向力值 F_i。如图 7-13 所示,设出口带钢经分段辊后转折的角度为 2θ,在张应力 $\sigma(x)$ 的作用下,带钢对辊子产生的径向压力 $F_n(x)$ 为

$$F_n(x) = \sigma(x) \times 2\sin\theta \tag{7-13}$$

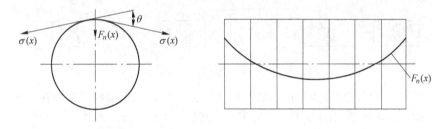

图 7-13　ABB 分段接触式板形辊原理图

在板形辊每个独立测量段上,径向力值 F_i 与张应力 σ_i 成正比的关系。

利用各测量段上实测的径向力值 F_i 和平均带钢应力 σ_m 可以计算出每一测量段上带钢的应力 σ_i 和应力偏差 $\Delta\sigma_i$,平均带钢应力 σ_m 可以根据带钢张力 T,板宽 B 和厚度 h 的不同来计算

$$\sigma_m = \frac{T}{Bh} \tag{7-14}$$

每个测量段可以独立地测出相应部分带钢对该辊的径向压力,通过式(7-14)可以转化为作用于各段带钢上的张应力 σ_i,由此可以计算相应的带钢应力偏差 $\Delta\sigma_i$。

$$\Delta\sigma_i = \sigma_i - \sigma_m \tag{7-15}$$

$$\sigma_i = \sigma_m \times \frac{F_i}{F_m} \tag{7-16}$$

$$F_{\mathrm{m}} = \frac{1}{n} \sum_{i=1}^{n} F_i \tag{7-17}$$

式中　σ_i——第 i 测量段上实际带钢应力，N/mm^2；

F_i——第 i 测量段上实际径向力，N；

F_{m}——第 i 测量段上实测平均径向力，N；

$\Delta\sigma_i$——第 i 测量段上实测带钢应力偏差值，N/mm^2。

上述带钢应力偏差 $\Delta\sigma_i$ 将被传给板形监视器和板形控制计算机，操作人员可以随时知道正在轧制带钢的实际板形情况，对板形进行在线实时控制。

7.4.2.2　ABB 带钢板形测量系统

ABB 板形测量系统功能模块，如图 7-14 所示。由图可见，此软件功能模块共同使用由系统监管的结构化数据模块——数据库处理模块。其中参数处理、带钢应力计算及测量补偿是板形控制软件的基础部分。

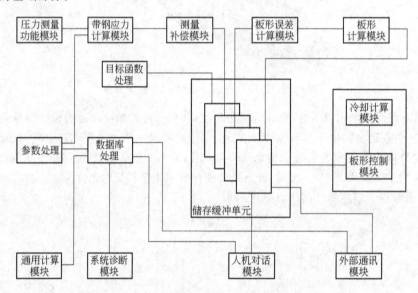

图 7-14　板形测量系统软件功能模块图

存储缓冲器主要用来管理实际板形值以及存储用于显像、通讯和控制的中间数据等。存储缓冲器采用循环自动记录，以保证其中的数据永远是最新的选样板形值。

压力测量功能块是一个独立处理单元，它通过内部的记忆功能处理测量参数。其由传送控制装置（CCU）和测量控制单元（MCU）来共同完成所属工作。压力测量功能块主要完成以下四部分功能：压力测量、通道校准、硬件测试及轧辊校准。

通用计算功能模块主要用于公用计算处理，以此来计算其他系统功能块所必需的数据值，如带钢长度、速度、包角等。

系统诊断模块是在系统启动时进行初始化测试及硬件与软件协调性测试等。

7.5　辊缝的测量

7.5.1　概述

辊缝又叫轧辊开口度，是指两辊之间的缝隙。辊缝测量仪是用来测量轧辊开口度的绝对值。

目前在带钢轧机上广泛应用直接测厚和间接测厚两种方式。直接测厚一般采用射线测厚仪进行测量,多在连轧机组头、尾两架上采用;而中间几架多用间接测厚,它是通过对轧制力和辊缝的测定,通过轧机弹跳方程间接确定带钢在每一轧制瞬间的厚度。

轧机的原始辊缝值(即不进行轧制时)并不等于轧件的出口厚度。因为当轧机进行轧制时,原始辊缝值将增大(因弹跳)、其增大值取决于轧机的刚度系数 K 和轧制力 P,所以,轧机出口处的板厚 h 可由无负荷时轧辊开口度 S_0(空载辊缝)及轧机弹跳值来确定,即

$$h = S_0 + \frac{P}{K} \tag{7-18}$$

因此,正确设定和测量轧机的空载辊缝,对保证成品的厚度和轧机负荷的合理分配是很必要的。

轧辊压下(或压上)设备用于调节辊缝,由于传动方式有电动压下(压上)螺丝传动和液压传动,所以辊缝测量方式不同。

电动压下装置基本上由压下螺丝、螺母和驱动压下螺丝的蜗轮蜗杆机构构成。此时为测定辊缝要检测出压下位移量。检测方法主要有两种:一种方法是利用安装在压下螺丝上端的检测器(实际上是检测压下螺丝转动位移的检测器)。检测器直接检测出压下螺丝位置,由于不含有螺母机构以后部分的间隙,所以可以高精度地测定辊缝。

液压压下时,将液压缸安装在上支撑辊的上面或下支撑辊的下面承受轧制力。液压缸的注油量是可变的,借此可调整轧辊辊缝。该油柱的测定方法一般是以直线位移的形式直接或间接地测定活塞的运动。

辊缝相对值是由上述方法检测出的压下装置的位移和上下轧辊直径共同确定的。为了求出辊缝值,必须设定基准点。采用的方法是通常以最大轧制负荷的 $1/5 \sim 1/10$ 左右的力使上下轧辊接触压靠,取此时轧机驱动装置的位置作为基准点。

7.5.2　SGF 型辊缝测量仪工作原理

SGF 型辊缝测量仪由光电式角度位移脉冲转换器、主机(测量仪表)和外显示器三部分组成。其中光电式角度位移转换器安装在轧机上,一般通过联轴节与蜗杆刚性连接。光电式角度位移转换器检测出的信号由电缆送至安装在仪表室内的测量仪表进行一系列处理后,再送到安装在操纵台上的外显示部分进行数码显示。

一般轧机的辊缝变化是通过压下螺丝的位置来实现的。压下电机的旋转经过蜗杆蜗轮传动,带动压下螺丝上下移动,使辊缝值改变。这样,辊缝值可经过机械传动,转换成旋转角位移。故辊缝测量不必直接去测量两辊之间的间隙,而可直接测量其角位移。只要将角位移转换成脉冲信号,测定出脉冲数,就可确定辊缝值。

当蜗杆传动速比为 80,压下螺丝的螺距为 16 mm 时,如果要求每输出一个脉冲表示辊缝值变化为 0.01 mm,则在角度 – 脉冲转换器与蜗杆刚性连接的条件下,要求转换器每转一圈发出的脉冲数为

$$p = \frac{s}{a \times i} = \frac{16}{0.01 \times 80} = 20 \tag{7-19}$$

式中　p——每圈发出的脉冲数,即开槽数;

　　　s——压下螺丝的螺距;

　　　a——每输出一个脉冲时辊缝的变化值;

　　　i——蜗杆传动速比。

　　将角位移转换成脉冲信号方法很多,SGF 型辊缝测量仪目前采用的是光电式角位移脉冲转换器。

　　光电式角度位移脉冲转换器的工作原理,如图 7-15 所示。固定光栅和扫描光栅(即旋转光栅)的刻线密度是相同的,在固定光栅和扫描光栅的两边分别装有光源和光敏三极管,固定光栅固定于光敏三极管之前。当扫描光栅转动时,每转换一根刻线就产生一次明暗的变化,光电管就感光一次,产生光电流。电流小的地方,相当于遇到暗条,电流大的地方相当于遇到明条。电流波形可看成是在一个直流分量上叠加了一个交流分量,如图 7-16 所示。

　　当压下螺丝转动时,扫描光栅随之转动,使光敏三极管时而感光,时而不感光,产生电脉冲信号,根据电脉冲的数目可以测知辊缝的大小。辊缝值的增大或减小,对应着压下螺丝的正转或反转,也即对应着扫描光栅(光码盘)的正转或反转。为了辨别光码盘旋转方向,固定光栅的二排光栅相差 90°的电角,同时采用两只光敏管。当扫描光栅顺

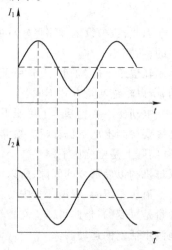

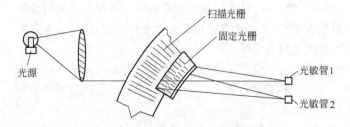

图 7-15　光电式角度位移脉冲转换工作原理　　　　图 7-16　两个光敏管的电流波形

时针转动时,光敏管 1 先感光,则其输出信号在相位上超前光敏管 2 的输出信号 90°;反之,当逆时针转动时,光敏管 2 先感光,则其输出信号应超前光敏管 1 的输出信号 90°。两个光敏管的电流波形如图 7-16 所示。因此通过其感光的先后来判别光码盘的旋转方向,也即判别辊缝值的增大或减小。

7.6　轧件位置检测

　　在连轧生产的自动控制中,检测金属的存在性和通过的位置,对保证高速、连续和自动化生产是非常重要的,完成这一功能的多用热金属检测器和冷金属检测器。

7.6.1　热金属检测器(HMD)

　　热金属检测器(HMD)是通过检测热轧件的红外线来检测轧件存在或边部位置的监测器。它是热轧自动运行不可缺少的传感器。图 7-17(a)是它的原理图。该图中被测工件(热轧件)辐射的红外线由物镜聚焦,通过遮断可见光的过滤器,入射到置于焦点位置的光电变换元件(硅太阳能电池)进行光电转换。光电变换元件的输出,由直流放大器放大,作为控制信号使用。

　　使用热金属检测器 HMD 的被测工件的温度可在 200℃ 以上。使用时要充分考虑被测工件的温度变化和水蒸气等引起的检测能力的降低。

7.6.2　γ射线板边监测器

　　应用射线检测轧件的存在或板边的位置,是加热炉和粗轧工序自动运行中,不可缺少的监测器之一。图 7-17(b)是它的原理图。

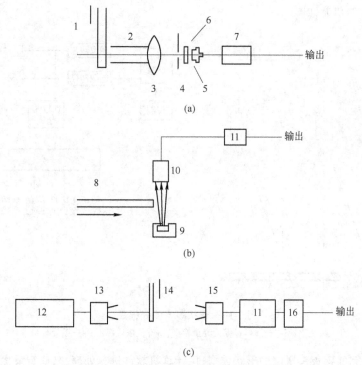

图 7-17 轧件位置检测原理图

(a) 热金属检测器(HMD);(b) γ射线板边监测器;(c) 冷金属检测器(CMD)

1—轧件;2—红外线;3—物镜;4—视野光圈;5—光电变换元件;6—可见光切断过滤器;
7—直流放大器;8—被测轧件;9—γ射线源;10、12—放大器;11—振荡回路;13—发光器;
14—板材;15—受光器;16—检测器

　　图中γ射线源和γ射线监测器分别安装在板材的两侧位置。板材一达到检测位置,检测器发出的信号会急剧变化,便可检测出板材。将此信号放大用作控制信号。

　　在将γ射线用于检测板边时。它的工作不受被检轧件温度变化和水蒸气等因素的影响。

7.6.3　冷金属检测器(CMD)

　　冷金属检测器(CMD)用于冷轧的生产过程和热轧的较后工序,它用来检测板坯等金属材料的存在性和通过位置。它在脉冲调制光控制系统中,用砷化镍发光二极管作为光源。冷金属检测器(CMD)的工作原理如图 7-17(c)所示,由发光器发出的光由受光器接收,由于板材的辐射,反射或遮光,受光器输出电压,再放大,检波,变换为输出信号,发光器和受光器相对安装,由于板边遮住了它们之间的光,故可得到板边检测输出。有的特殊的冷金属检测器 CMD 使用激光做光源。用于检测精度要求高的地方。

7.7　板材切头形状检测

　　在热轧带钢生产线的粗轧工序,板坯头尾变成舌形或鱼尾形。为确保精轧的穿带特性和提高成材率,带钢必须以最小的剪切量切头尾。

　　常用的方法是采用电视摄像机监视生产中的切头形状,确定最佳剪切位置。测定时,安装的检测摄像机的视野与钢板的运动方向成直角。摄像机与钢板移动速度同步运动,进行扫描,检测数据并储存到存储装置,则得到钢板的形状数据。通常运动方向的分辨率低于横向的分辨率。

图 7-18 为该装置的功能框图。

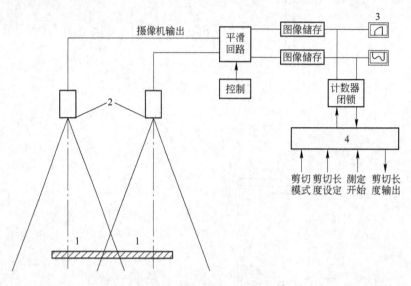

图 7-18　形状测定装置框图

1—热轧钢板；2—线形影像检测摄像机；3—录像监视器；4—微处理机

　　根据这样得到的钢板头尾端的形状数据，用计算机软件进行处理，来确定最优切头位置。确定剪切位置的方法有多种多样，图 7-19 所示为其有代表性的例子。将摄像机摄取的切头形状分为鱼尾形和舌形两类，依据各种形状确定基准线。设定基准线以外的某个距离，确定剪切位置。该装置的关键是判断切头形状并将以往用肉眼决定的剪切位置的诀窍移植到该装置上。正因如此，有各种各样的确定位置的算法。

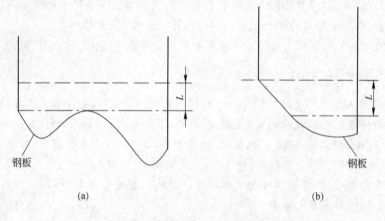

(a)　　　　　　　　　　　　　(b)

图 7-19　切头剪切位置说明图

(a) 鱼尾形；(b) 舌形；L—设定值

———剪切位置　　—·—·—基准线

　　根据所采用的摄像机的种类。切头形状测定装置分为两类：

(1) 工业电视摄像机方式(区域影像监测器)。

(2) 线性检测器摄像机方式。

工业电视摄像机作为线性监测器普及之前的图像输入监测器，是最常用的。当被测对象作高速运动时,这种方式难以进行检测,故受到测定场所和移动速度的限制。

线性检测器摄像机方式与测宽仪相同,使用线性检测器摄像机作为切头形状监测器。

7.8 带钢表面缺陷检测

带钢热轧生产中,如何尽早测出带钢表面的氧化铁皮、辊印、边裂、翘皮等缺陷,已经成为热轧生产中的一个重要问题。由于热轧的轧制速度快、环境恶劣以及带钢本身是热辐射体,因而实现热轧表面的在线检测的难度非常大。

使用现代化的数据处理系统,激光扫描器和CCD摄像扫描器组成一个检测单元已不再受限制了。这种带钢表面检查综合系统提高了对缺陷检查的能力,从而提高了缺陷分类的精度。

特别在CCD摄像扫描器领域,许多重大的发展,例如新型照明系统,提高了各种类型缺陷的鉴别水平,而那些缺陷是至今为止用普通检测系统检查不出的。检测技术的这一重大突破使其成为适用各种钢材产品及其表面特征和各种缺陷检查的最佳检测系统。

7.8.1 检测系统

通过光学模块和电子处理模块进行组合而构成一种简单的逻辑装置,从而使该系统能满足各种用途的要求。每个单独的模块均对整个系统的性能起着重要的作用。检测系统的主要部件是检测单元和统计分析系统。

检测单元安装在生产线上,并完成带钢表面实时光学检测。对于带钢表面检测系统,通常使用两种不同的扫描系统。究竟使用激光扫描还是使用CCD摄像扫描器,需视被检查材料的表面特征而定。但根据检测要求,必要时,也可以将摄像扫描器和激光扫描器组合成一个检测单元。

7.8.1.1 检测单元

A 激光扫描器

激光扫描器是按照连续生产的带钢表面检查的要求而设计的。精心设计的组件工艺和极高的光学精度使扫描宽度最大可以达到 3.2 m,扫描频率最高为 6 kHz。即使带钢运行速度高达 1000 m/min,仍能确保材料表面检测覆盖率达到 100%。为可靠测定缺陷,应确定一下两个准则,即:扫描线上每个光点的几何尺寸要恒定,扫描光点在物体表面上的速度要恒定。用 $F-\Delta$ 透镜实现这两个特性,这样也就确保了横向扫描线上具有高的分辨率和恒定的灵敏度。

激光扫描器多半使用低功率的 HeNe 激光(633 nm)。为了检查材料表面难于检测的那些缺陷,必要时,亦可使用同类功率的另一种光源,例如 IR 激光(780 nm)。这样也可使用两个不同波长的光源,它们可以组合或单独工作,如图 7-20 所示。

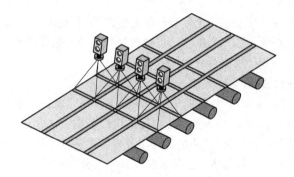

图 7-20 确保获取整个带钢宽度方向影像的
激光扫描器示意图

B　CCD摄像扫描器

表面自动检测用的CCD摄像扫描器是激光扫描器在逻辑上的附加物,其应用范围很广,从动态针孔缺陷检测器到整个表面的检测系统。

摄像扫描器主要是由一个或几个CCD摄像机和照明系统组成。照明的形式对缺陷检测的可靠性来说是决定性因素。在宽广的波长范围内可使用各种类型的光源是摄像扫描器的一个明显优点。

根据带钢宽度和检测缺陷要求的分辨率,最多可串联8个CCD摄像机。各摄像机布置时,CCD摄像系统用最高为6 kHz的频率工作;若为单摄像机系统,工作频率最高为12 kHz。这样,即使带钢运行速度很高,摄像扫描器也能用于表面和针孔缺陷检测。

每个使用CCD摄像扫描器的检测系统均要求它的照明系统非常好。为了用理想的光线照亮被检物体,开发了新型的高强度照明系统。可供使用的光源包括荧光管、卤素灯、卤素金属蒸气灯和发光二极管以及红外线和紫外线灯。这种很宽波长范围使摄像扫描器适用于各种用途。

不但照明的种类非常重要,而且光线照射的方向也很重要。目前已经开发的一种新型的倾斜式照明系统,就是为了检查金属表面浅层压痕和轻度波浪而设计的。

7.8.1.2　数据处理系统

数据处理系统EV1000是光学扫描器用的通用测量数据处理系统,适用于激光扫描器和CCD摄像扫描器,可同时处理来自一个或多个测量通道的数据。

使用这种数据处理系统时,可以把激光扫描器与CCD摄像扫描器组合成一个检测单元。这种灵活的数据处理系统再作合适的改进和扩充后,非常适用于处理各种问题。

目前,处理功能分为10个模块,其中有的是必须提供的,而另外一些模块则可以根据要求选用。对于从测量通道来的视频信号的处理顺序是顺次数据简化和数据筛选处理,来自光接受器或CCD摄像机的视频信号发送到信号处理(SPT)模块中整理并数字化。

随后,视频信号与可调振幅门限值进行比较,最后得到的数据传输给SCT模块(系统控制)。在那里,用信号检查长度、宽度和其他参数,以便根据材料要求和系统的灵敏度,对实际缺陷进行分类,把不明显的光学信号分开。

另一些可供选择的处理模块具有条痕检查、打印设备支持和扫描信息储存在灰度图像存储器中等功能。

所有模块都有一台带有实时操作系统的TMS34020微处理机,它可以利用所有处理过的数据及启动功能。每个模块均设计成组装件,通过软件可全部互相连接起来。

7.8.1.3　工作站

工作站是检测系统控制中心。一个带有彩色图形终端、彩色打印机和行式打印机的工作站用于数据输出。所有数据通过公用标准接口可传输到外部计算机或过程控制系统。

数据处理软件有各种用于带钢检查的标准程序:

(1) 周期性缺陷的检测,所有参数输入对话。

(2) 所有参数的存储、输出信号,例如指示缺陷频率很高的报警信号。

(3) 操作人员、管理人员和维护人员等用户级的口令保护。

(4) 自测试和诊断程序,在彩色打印机上打印所有屏幕显示的画面功能。

(5) 显示横向扫描和纵向扫描方向上的长时间缺陷的分布。

(6) 为每个检查周期打印检查报告和缺陷汇总信息。

(7) 运行缺陷图(RDM),在监控器上实时显示缺陷。

(8) 图像元素放大、用大的比例格式显示小的缺陷,这一信息可存储在数据库中。

(9) 和主机进行通讯。

(10) 灰度图像存储。

7.8.1.4　外围设备

彩色监控器可显示运行中的缺陷图(RDM)、状态数据、图像元素放大、灰度图像、系统参数、检验参数集以及缺陷汇总信息显示。彩色打印机可将所有图形以彩色形式打印出来,如图像元素放大、灰度图像、缺陷直方图等。另外,还有一台行式打印机,可将检查报告、系统参数和检测参数打印输出。

7.8.1.5　激光扫描器与 CCD 摄像扫描器的组合

来自激光扫描器和 CCD 摄像扫描器测量通道的视频信号发送到数据处理系统 EV1000 进行处理。虽然激光扫描器和 CCD 摄像扫描器产生各自的扫描线,但在不同测量通道中产生的缺陷信号在 SCT 处理模块中作相关分析,然后用先进的缺陷分类方法进行数据处理。

两种不同物理原理的扫描系统结合在一起增强了光学测定缺陷的优点。激光扫描器当然最适用于检查细小缺陷,而 CCD 摄像扫描器更适合在更广泛的波长范围内使用各种光源以低的反差检测大面积缺陷。

7.8.2　带钢表面缺陷的测定和先进的分类方法

带钢表面缺陷的测定和先进的分类需要一个灵敏而且多功能的检查和数据处理系统。匀质钢板表面缺陷区域使扫描激光束的特性发生变化。主要作用和对应的典型性缺陷如下:

(1) 反射增强→压痕、辊印。

(2) 吸收→氧化铁皮、轧入氧化皮。

(3) 光束偏转→结疤、边浪。

(4) 散射→划痕、边裂。

带钢表面检查系统是在两个光线收集接收器模块(LCR)下进行工作的,为了获得最佳的检测结果,这两个模块分别位于反射明亮区域和反射暗区域:

光通道:反射明亮区域→反射增强,吸收。

光通道:反射暗区域→光束散射,偏转、散射。

接收器所收集到的光波被转换成与材料表面状况相一致的视频电信号。如前面所述的那些表面不规则产生的缺陷信号是在视频信号之内。来自两个 LCR 接收器的视频信号发送给数据处理模块 EV1000,以便作进一步处理和分析。

7.8.2.1　从斑点事件到缺陷

来自信号处理器(SPT)和信号调制模块(SICO)经整理和数字化的视频信号发送给点缺陷分析(PDA),以便检测信号点状缺陷。当有关缺陷信号至少越过了 PDA 模块编程设定的振幅门限值之时,缺陷就被检查出来。若超过了 PDA 模块中编程设定的振幅门限(mv),缺陷信号就会在相应系统总线通道(A-F)中生成事件信号。PDA 模块的门限值可在称之为"参数设定"的菜单中进行调整。

一种事件至少由一个图像元素组成,一个图像元素对应扫描方向上的一个横向条带脉冲(CWC)。一个事件中的一连串图像元素相当于一个门限值在一次扫描中从正的门限传输到负的门限这一时间内横向条带脉冲的数量。

所有事件信息均通过系统总线传输到 DLC/HISC(缺陷定位器/高速协同处理模块)中。每个事件按事件数据组写入带有相应 CWC 坐标和 DWC 坐标的先进先出缓冲器中。先进先出存储单元中最多可写入 4096 个事件数据组。

7.8.2.2　缺陷评定和分类

A　阶段 1 事件与斑点的关系

为了进行第一阶段的数据处理,从 DLC 处理机的先进先出缓冲器中读出事件数据组。在数据处理的第一阶段,事件数据组在高速副处理机中与斑点发生联系。一个斑点是事件的浓缩,斑点的大小由可调节的横向条带脉冲和下面条带脉冲方向中的相关参数进行控制。一个斑点形成只要不超过相关参数就可以了。若超过相关参数中的某一个,便开始与下一个事件建立一个新的斑点。斑点数据组通过 IEEE 总线发送给工作站。

B　阶段 2 斑点与缺陷的相关性

在工作站中,当事件与斑点相关时,以相同方式对斑点与缺陷作相关分析,唯一的不同就是相关参数较大。

缺陷是由各种各样斑点形成的,如长度、宽度、群束、致密性等。每个缺陷均有一连串完整的斑点,这是进行分类的开始点。

C　阶段 3 缺陷分类

利用编程参数和条件,在称为"打印参数"的服务菜单中对缺陷进行分类。数据处理软件中,最多可对 20 种不同的缺陷进行定义并分类。

为了对每一种缺陷分类,可定义带有 6 个可编程程序的条件信息串。每个条件包含 2 个参数,诸如长度、尺寸、比例、等级等数字值和应用系统总线通道字母 A-F。

调整打印参数需要绝对仔细,每个检测的缺陷必定被其中的一个条件信息串所覆盖。不满足任何条件信息串中的一个条件的缺陷,就不能进行分类,也就不能在 RDM 中以及检验报告中反映出来。

D　阶段 4 缺陷分类

为了更好地区别缺陷的严重程度,需在分类后对所有检查的缺陷进行分选,共有三个等级:L = 轻度缺陷　　N = 普通缺陷　　S = 严重缺陷

对于每种特殊同类型的缺陷,可在菜单参数组中对 L、N 和 S 单独编程建立。根据缺陷参数类型及其参数,严重程度可用缺陷本身周围矩形对角线表示或用缺陷最大斑点表示。

E　结果

对每种专门应用,表面检测系统的检验结果能以不同方式显示和记录下来。

运行缺陷图像 = 监控器上实时显示缺陷

灰度元素放大 = 以大比例格式显示缺陷

灰度图像 = 用分析工具以数学 2 维和 3 维图像显示缺陷

直方形图 = 条形图,显示一个周期中缺陷的出现频率。

虽然在过去 10 年中工业电子学和软件有了显著发展,但用于缺陷实时检查的光学系统仍基本停留在原有水平上。目前,首次把激光扫描器与 CCD 摄像扫描器组合的技术对钢铁厂来说是很有成效的。和以前相比,可提供更好的光学方法检测缺陷。

7.9　型钢生产过程中的自动检测技术

7.9.1　轧件尺寸的在线检测

在线快速地检测轧件尺寸的变化,是实现型钢自动尺寸控制的一项必要条件,根据型钢断面

形状的不同,其尺寸检测又可分为测径、测厚、测宽、测长等几种不同类型。

7.9.1.1 线棒材测径仪

A 英国 IPL 公司的 ORBIS 测径仪

这种测径仪由测头、计算机信号处理装置和显示器 3 个主要部分组成。测头的光路图如图 7-21 所示,光源所发出的光经反射到平行光透镜后变成平行光,当轧件穿过中间是空腔的测头时,挡住了一部分平行光,摄像机检测到被遮挡的光束之后,将信号送至计算机,转换成轧件尺寸数据,然后送至显示器上进行实测数据的数字显示和图形显示。为了能够测量不同方位上的轧件尺寸,ORBIS 测头以 100 r/min 的速度绕其中心旋转,每隔 2°进行一次测量,将测得的最大,最小尺寸和其它任意 4 个部位的尺寸(如圆钢的垂直尺寸,水平尺寸及 2 个肩部尺寸)在显示器上显示出来,显示的内容测头每转半圈刷新一次。这种测头的优点是,除了可以测量任意方位的轧件尺寸之外,还可以根据轧件肩部尺寸出现的方位来判断轧件在出成品机架到测量仪之间的扭转。表 7-5 给出了 ORBIS 测量仪的型号和主要参数。

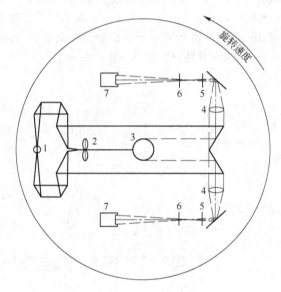

图 7-21 ORBIS 测量仪

1—光源;2—平行光透镜;3—轧件;4—物镜;5—光栅;
6—滤光器;7—摄像机旋转速度:100r/min

表 7-5 ORBIS 测量仪的型号及主要参数

型 号	OR_1	OR_1A	OR_1B
测量范围/mm	13	30	75
测量精度/mm	±0.02	±0.04	0.04
测头 CCD 列阵	2048	2048	2048×2
测量间隔/(°)	2	2	2
显示刷新时间/s	0.15	0.15	0.3

ORBIS 测径仪除了适用于圆钢之外,也可用于方钢、六角钢和扁钢的轧制。为了补偿温度对测量值的影响,ORBIS 测量仪还配备了光学高温计,根据实测的温度和材料的热膨胀系数来计算轧件的冷尺寸;

B　德国 EBG 公司的激光测径仪

这种测径仪与 ORBIS 测量仪的工作原理基本相同,区别在于 EBG 公司的产品用功率为 1 mW 的 He -Ne 激光器代替普通光源,扩大了应用范围,性能也有明显改进。此外,其计算机处理软件也更加丰富,除了有圆钢、方钢、扁钢、六角钢、角钢等测量程序之外,还有 SPC 统计过程控制程序,可以进行计算机辅助质量控制,以大量实测数据为基础来建立优化的质量保证系统。

采用上述轧件尺寸在线测量装置可以节省换规格时的试轧时间,提高成材率,有利于生产高精度产品。ORBIS 测量仪已在欧洲的线材轧机上广泛应用,近来 ABB 公司将 ORBIS 测量仪用于线材轧机的自动尺寸控制系统 ADC 做反馈控制,使 ϕ5.5 mm 线材的尺寸精度由 ±0.2 mm 提高到 ±0.1 mm。

7.9.1.2　型钢宽度和厚度测量

A　H 型钢测厚仪

H 型钢测厚要求与钢板不同,它既要测出腰部厚度,也要同时测出两侧的边部厚度。日本富士电机株式会社开发的一种射线测厚仪满足了这一要求。它采用 1 个射线源、3 个传感器,同时测量出 H 型钢腰中部和两侧边部的厚度尺寸如图 7-22 所示。新日铁公司与富士通公司合作开发类似的 H 型钢 γ 射线厚度计,这两种测厚仪都已在生产中应用。

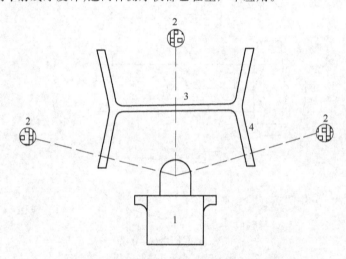

图 7-22　H 型钢测厚仪
1—射线源;2—传感器;3—轧件腰部;4—轧件

B　H 型钢测宽仪

像 H 型钢、钢板桩一类的大型钢材,宽向尺寸较大,又有一定的公差要求。为了加强其宽向尺寸的管理和控制,研制出型钢测宽仪。用于钢板桩的测宽仪系统如图 7-23 所示;用于 H 型钢的边部测宽仪系统如图 7-24 所示。其中钢板桩测宽仪安装在辊式矫直机的后部。其工作原理是:由光源发出的光束,利用摄像头测出被钢板桩遮挡的部分,信号送至计算机换算出轧件宽度。H 型钢边部测宽仪安装在中轧机组或精轧机组的后面,其测头可以利用探测高温轧件放射出的红外线来测量 H 型钢边部尺寸。为了使其适用于更宽的尺寸范围,采用了 2 个可以上下、前后移动的扫描式测头,根据计算机设定的基准值进行测量。由东京光学机械株式会社制作,安装在新日铁君津大型厂的 H 型钢边部测宽仪可以变宽达 115～550 mm、腰高达 100～1000 mm 的 H 型钢,测量精度为 ±0.5 mm。其主要参数如表 7-6 所示。

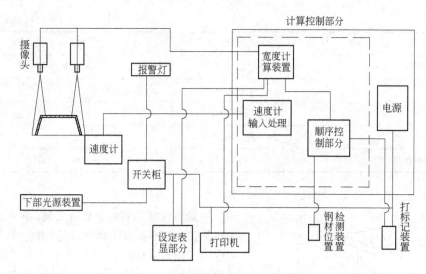

图 7-23　钢板桩测宽仪系统构成图

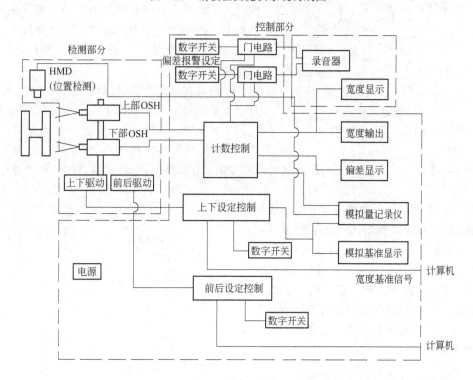

图 7-24　H 型钢边部测宽仪系统构成图

表 7-6　两种 H 型钢测厚仪的主要参数

研 制 厂 家	富 士 电 机	新 日 铁
测量范围厚度/mm	0～120	20～120
腰高/mm	175～900	
边宽/mm	150～400	

续表 7-6

研 制 厂 家	富 士 电 机	新 日 铁
测量精度/mm	±0.1(厚度＜10)	±1.0%(厚度 20～70)
	±0.2(厚度＜20)	
	±1%(厚度＜90)	
	±2%(厚度＜120)	
测量温度/℃	700～1100	900～1200

7.9.1.3　轧件长度的检测

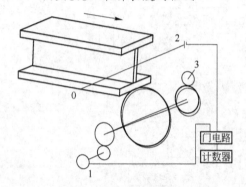

图 7-25　接触式测长仪
1—脉冲发生器；2—光电开关；3—电机

测量型线材长度的方法有几种,图 7-25 为大型钢材的接触式测长仪。其原理是:当轧件运行时,利用摩擦带动轮系转动,并由脉冲发生器发出脉冲,由计数器根据光电开关的动作记数,并换算成轧件长度。为了消除开始测量时接触面滑动带来的误差,利用电机先带动轮系转动起来,其测量精度为 ±3 mm。这种测长仪曾用于新日铁界大型厂和广畑厂的精整线。

一种非接触式测长仪,如图 7-26 所示。轧机至热金属监测器 A 的距离为 L_1、A、B 之间距离为 L_2,轧件头部从咬入轧机开始,到达 A、B 点的时刻分别为 t_0、t_1,轧件尾部脱离轧机的时刻为 t_2,则轧件长度 $L = L_1 + [(t_2 - t_0)/(t_1 - t_0)]L_2$。这种测长方法已在日本的八幡、釜石、室兰、君津等厂在线使用。

另一种磁性测长仪用来测量常温下线材的长度,利用着磁装置给运行着的钢带上磁信号,在距着磁装置一定距 i 处设传感器,传感器检测到这个磁信号时发出脉冲,由计数器记录。据此,脉冲着磁装置使钢材再度着磁,如此循环往复,最后由记录到的脉冲总数乘以间距 i 可得钢材的总长。这种测长仪的精度可达 0.05%/100 m。

7.9.2　轧件位置检测和其他传感器

型钢生产过程的自动化离不开轧件位置的检测仪器。如从加热炉直到精整线上用于跟踪轧件的热金属检测器(HMD)、冷金属检测器(CMD)、光电管、控制开关、接近开关、压力继电器等。新日铁君津大型厂在生产线上使用的各种位置检测和监控器件的形式和数量见表 7-7。

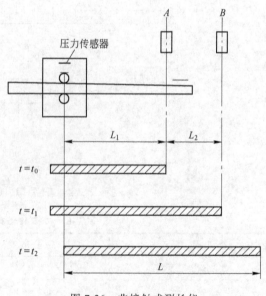

图 7-26　非接触式测长仪

表 7-7 新日铁君津大型厂在生产线上使用的各种位置检测和监控器件的形式和数量

名　　称	热金属检测器	凸轮控制器	控制开关	接近开关	光电管	冷金属检测器	压力继电器
轧制线	38	60	546	28	0	2	4
精整线	4	43	306	69	46	55	12
合　计	42	103	852	97	46	57	16

思 考 题

7-1　简述射线式测厚仪的工作原理,其主要特点有哪些?

7-2　简述光电测宽仪的工作原理,测宽仪的进一步发展应考虑哪些方面?

7-3　激光测长仪的常用方法有哪些,其结构和原理是怎样的?

7-4　带钢板形缺陷的种类有哪些,其产生的主要原因是什么?

7-5　ABB 带钢板形检测仪的基本原理以及测量系统的组成是什么?

7-6　SGF 型辊缝测量仪的组成及基本工作原理是什么?

7-7　简述热金属检测器和冷金属检测器的作用。

7-8　简述激光扫描器和 CCD 摄像扫描器在带钢表面缺陷检测中的应用。

7-9　型钢生产中常见的自动检测技术有哪些?

8 钢材无损检测技术

无损检测就是在不损害被检对象未来用途和功能的前提下,为探测、定位、测量和评价缺陷,评估完整性、性能和成分,测量几何特征,而对材料和工件进行的检测。显然,缺陷检测或探伤是无损检测的最重要方面。常规的无损检测方法有:涡流检测、磁粉检测、射线检测和超声检测,其中以超声检测的应用最为广泛。

8.1 涡流检测

8.1.1 涡流检测原理

涡流检测是基于电磁感应原理揭示导电材料表面和近表面缺陷的一种无损检测方法。当载有交变电流的检测线圈靠近导电工件时,由于交变磁场的作用,工件中就会产生感应电流即涡流,涡流的大小、相位和流动轨迹受工件电导率、磁导率、形状、尺寸和缺陷等因素的影响,涡流还会产生自己的磁场并对原磁场产生作用,进而导致检测线圈交流阻抗的改变,测量线圈阻抗即可获得工件物理、结构和冶金状态的信息。

涡流检测可用于测量或鉴别工件的电导率、磁导率、晶粒尺寸、热处理状态、硬度,检测折叠、裂纹、孔洞和夹杂等缺陷,测量非铁磁性金属基体上非导电涂层或铁磁性金属基体上非铁磁性覆盖层的厚度,还可用于金属材料的分选,并检测其成分、微观结构和其他性能的差别。

涡流检测时,线圈不必与工件紧密接触,无需耦合介质,因此检测速度快,易于实现检测自动化,并能在高温状态下进行检测,因此特别适合工件的在线普检。但涡流检测的对象必须是导电材料,且只适用于材料表面或近表面缺陷的检测,此外,涡流检测至今仍处于当量比较阶段,对缺陷作出准确定量的判断尚有困难。

8.1.2 涡流探伤仪

涡流探伤仪由振荡器、检测线圈、信号输出电路、放大器、信号处理器、显示器及电源等部分组成,其原理方框图如图 8-1 所示。

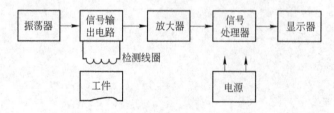

图 8-1　涡流探伤仪原理方框图

涡流探伤是靠检测线圈来建立交变磁场,将能量传递给被检工件,同时通过涡流所建立的交变磁场来获得被检工件的缺陷信息,因此检测线圈对检测结果的好坏起着重要的作用。

按感应方式的不同,检测线圈可分为自感式线圈和互感式线圈。自感式线圈由单个线圈构成,该线圈既作为产生激励磁场在导电工件中形成涡流的激励线圈,同时又是感应、接收导体中涡流再生磁场信号的检测线圈。互感线圈一般由两个或两组线圈构成,其中一个(组)线圈用于产生激励磁场,另一个(组)线圈用于感应、接收导体中涡流再生磁场信号。

按应用方式的不同,检测线圈可分为穿过式线圈、内插式线圈和探头式线圈。穿过式线圈是将被检工件插入并通过线圈内部而进行检测的线圈,适用于管、棒、线材外表缺陷的探伤。内插式线圈是放在工件内部进行检测的线圈,主要用来检测厚壁管、钻孔以及螺纹内壁表面的缺陷。探头式线圈是放置于工件表面进行检测的线圈,它适用于形状简单的板材、板坯、方坯、圆坯、棒材及大直径管材的表面探伤,也适用于形状较复杂机械零件的检查。与穿过式线圈相比,其体积小、磁场作用范围小,所以适于检出尺寸较小的表面缺陷。

按比较方式的不同,检测线圈可分为绝对式线圈、标准比较式线圈和自比较式线圈。绝对式线圈是针对被检对象某一位置的电磁特性而不与被检对象其他部位或标准试样的电磁特性进行比较而直接进行检测的线圈;标准比较式线圈是一种针对被检对象的某一位置通过与另一对象电磁特性的比较而进行检测的线圈;自比较式线圈是一种针对被检对象两相邻近位置通过其自身电磁特性的比较进行检测的线圈。

8.1.3 涡流探伤的应用

8.1.3.1 管件的涡流探伤

涡流探伤是对金属管件进行无损检测的主要方法。管件探伤的检测线圈有多种形式,一般对小直径管件通常采用穿过式线圈。检测时,要求管件与线圈同心,管件传动均匀平稳,以减小检测中出现的各种干扰;此外,磁饱和电流不宜过强,否则,影响试件的推进。

穿过式线圈检测对工件表面及近表面的纵向裂纹有良好的反应,且检测速度快,效率高,其电路和机械设计均比较简单。但由于涡流沿管件圆周方向,因此,其对周向裂纹的检测不敏感,并且当管件直径过大而缺陷面积占被检面积的比率很小时,灵敏度也显著降低。为了克服上述缺点,通常在探测周向裂纹或管件直径超过 75 毫米时,不再采用穿过式线圈而采用多个探头式线圈。探头式线圈检测装置的电路和机械结构均比穿过式线圈复杂,尤其是旋转探头,还要增加探头和仪器间的信号耦合装置。

8.1.3.2 棒线材的探伤

大批棒线材的探伤可以采用与管件类似的自动探伤装置,但由于棒材中涡流的分布与管材的不一样,其渗透深度更小,因此,为了使工件达到良好的检测状态,提高检测灵敏度,所用的工作频率比同直径管材探伤使用的频率要低。当工件是铁磁性材料需要采用直流电进行磁化时,因棒材的磁饱和比同直径管材的更困难,所以要达到可较好进行检测的磁饱和程度,需要较好的励磁电流。此外,棒材表面一般比较粗糙,所以,选择的线圈不应对工件表面的轻微凸凹太敏感。

8.2 磁粉检测

8.2.1 磁粉检测原理

磁粉检测是利用磁现象来检测铁磁工件表面及近表面缺陷的一种无损检测方法。其基本原理是,当铁磁性材料的工件被磁化时,其内部就会产生许多磁力线,由于磁力线必须通过工件的所有截面而不能中断,因此磁力线的密度取决于所通过截面的大小,截面越小,磁力线越密,反之亦然。若工件中有其他物质(如真空或非金属夹杂物等)存在,由于其导磁能力差,磁阻大,于是该处的磁力线密度就小,磁力线将发生弯曲,并在工件表面发生漏磁现象,产生漏磁场,如图 8-2所示。如在工件表面撒上磁粉,则缺陷处存在的漏磁场就会吸附磁粉而形成与缺陷形状相应的磁痕。磁痕的宽度远大于缺陷的实际宽度,这样就显示出人眼难以察觉的细小缺陷。

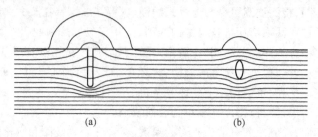

图 8-2　缺陷漏磁

(a) 表面缺陷；(b) 内部缺陷

磁粉检测可发现各种裂纹、夹杂、折叠、白点、分层、气孔、疏松等缺陷,并具有显示直观,灵敏度高,适应性好,效率高,成本低,设备简单,操作简便,结果可靠等优点。但它只能检测铁磁性材料的表面和近表面缺陷,且难于定量描述缺陷的深度。

8.2.2　工件的磁化方法

磁粉检测的效果取决于磁场的强弱、缺陷延伸方向以及缺陷位置、大小和形状等因素。当磁化工件的磁场方向与缺陷延伸方向垂直时,缺陷处的漏磁场最大,检测灵敏度最高。当磁场方向与缺陷延伸方向呈 45°角时,缺陷可以显示,但灵敏度降低。当磁场方向与缺陷延伸方向平行时,因不产生磁痕,所以难以发现缺陷。由于工件中的缺陷有各种取向,且难以预知,因此应根据工件的几何形状,采用不同的方法直接、间接或通过感应电流对工件进行周向、纵向或多向磁化,以便在工件上建立不同方向的磁场,发现所有方向的缺陷,于是发展了不同的磁化方法。

8.2.2.1　纵向磁化法

使被检工件内产生与其轴线方向平行磁场的磁化方法称为纵向磁化法。纵向磁化法主要用来检查工件表面或近表面的横向缺陷,常用的纵向磁化法可分为铁轭磁化法、线圈开端磁化法和线圈闭端磁化法三种。

图 8-3(a)是将电磁铁轭夹住工件,通电使工件磁化的铁轭磁化法的示意图。显然此法的优点是不必将线圈套在工件上,但是必须使铁轭与工件表面紧密贴合,否则接触处的气隙会大大增加磁阻,从而消耗磁场能量,降低探伤灵敏度。

线圈开端磁化法是在被检工件上绕以数圈导线,通电使工件磁化,其示意如图 8-3(b)所示。此法的优点是设备简单,但需要较高的电流和电压,并且由于线圈开端磁场发散,使一部分磁力线不仅从工件端面而且从工件表面发散,同时工件两端有磁粉大量吸附导致两端的缺陷探测不出来。为此,必须接长工件,使磁粉大量吸附现象延伸到接长部分,从而探测工件两端的缺陷。

线圈闭端磁化法除在被检工件表面上绕以线圈外,还将铁轭与工件两端接触,如图 8-3(c)所示。铁轭的作用是使磁路经导磁质短路,既减小了磁阻加强了电磁感应,又减小了漏磁,改善了

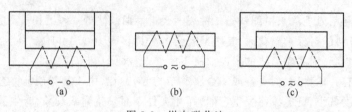

(a)　　　　　　　　　(b)　　　　　　　　　(c)

图 8-3　纵向磁化法

两端激化情况,因此灵敏度大为提高,但其操作不大方便。

8.2.2.2 周向磁化法

周向磁化法主要用来检查工件表面或近表面的纵向缺陷,常用的周向磁化法有直接通电磁化法、中间穿棒磁化法、电缆磁化法以及局部通电磁化法,其结构原理分别如图 8-4 和图 8-5 所示。

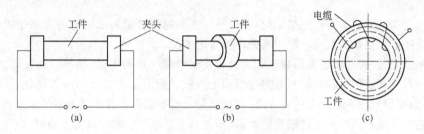

图 8-4 周向磁化法
(a) 直接通电;(b) 中间穿棒;(c) 电缆磁化

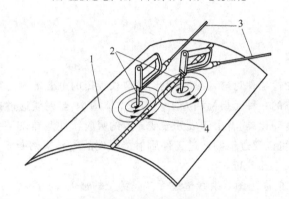

图 8-5 局部通电磁化法
1—工件;2—磁锥;3—电缆;4—磁力线

8.2.2.3 复合磁化法

单独使用周向和纵向磁化法只能检测工件上的纵向及横向缺陷,然而,工件缺陷的方向是千变万化的,为能发现工件上各方向的缺陷,并简化操作,实现自动探测,可在工件的不同方向进行磁化,即进行复合磁化。图 8-6 为复合磁化法的工作示意图,图中工件 3 置于通以直流电的线圈 4 中并夹于铁轭 1 的两级之间,同时在线圈 5 中通以交流电以对工件进行周向磁化。

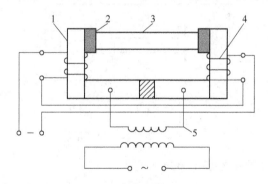

图 8-6 复合磁化法
1—铁轭;2—夹头;3—工件;4、5—线圈

8.2.3　缺陷的检验方法

对工件进行磁化时，首先应决定是采用剩磁法还是连续法。剩磁法是先将工件磁化，在停止磁化电流或除去磁场后，再喷洒磁悬液进行缺陷显示。它适用于检查剩磁大的工件，如高碳钢或经热处理的钢结构。

连续磁化法一方面对工件施加磁化电流，另一方面同时将磁粉或磁悬液浇洒于工件的被检表面。它适用于检查低碳钢及不能用剩磁法检查的工件。

经磁化后，工件表面或近表面缺陷处的磁粉将聚集成一定的图像，根据磁粉痕迹的方向、形状和部位并结合其工艺过程即可对缺陷性质作出判断。但因工件局部的冷作硬化、强磁性物质接触工件、温度剧烈改变而产生的内应力、碳化物层状组织以及工件横截面积的急剧改变等原因而引起的磁粉痕迹不能作为工件报废的判据，当遇到上述原因引起的缺陷痕迹时，应结合其他的检测方法加以判断。

8.3　射线检测

8.3.1　射线检测原理

射线检测是基于被检工件对透入射线（无论是波长很短的电磁辐射还是粒子辐射）的不同吸收来检测工件内部缺陷的一种无损检测方法。其基本原理是：当射线透过被检工件时，由于工件各部分密度差异和厚度变化，或者由于成分改变导致的吸收特性差异，工件不同部位对射线的吸收能力亦不相同，因而可以通过检测透过工件后射线强度的差异来判断工件中是否存在缺陷以及缺陷的性质、形状、大小和分布。

图 8-7 为射线检测的原理图。射线透过无缺陷部位的强度

$$J_1 = J_0 e^{-\mu A} \tag{8-1}$$

式中　J_1——射线透过材料后的强度；

　　　J_0——射线透过材料前的强度；

　　　μ——材料线衰减系数；

　　　A——透过层材料厚度。

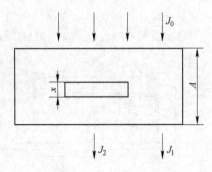

图 8-7　射线检测原理图

射线透过有缺陷部位的强度（假设缺陷为气孔）

$$J_2 = J_0 e^{-\mu(A-x)} \tag{8-2}$$

式中　x——缺陷在射线方向的厚度。

于是两强度比

$$J_2/J_1 = e^{\mu x} \tag{8-3}$$

可见缺陷沿射线透照方向长度越大或被透照物质射线吸收系数越大,则透过有缺陷部位和无缺陷部位的射线强度差就越大,此时缺陷越容易被发现。

射线检测主要适用于体积型缺陷如气孔、疏松、夹杂等的检测,也可检测裂纹、未焊透、未熔合等缺陷。工业应用的射线检测技术有三种,即 X 射线检测、γ 射线检测和中子射线检测,其中使用最广泛的是 X 射线检测。

射线检测具有可检测工件内部缺陷且检测对象基本不受工件材料、形状、外廓尺寸限制的优点,但一般仅能提供定性信息,且存在三维结构二维成像、前后缺陷重叠的缺点。

8.3.2 X 射线探伤技术

X 射线探伤主要有照相法、荧光屏观察法和 X 射线电视法三种。其中照相法技术成熟,但探伤周期长,操作也不甚方便。荧光屏观察法省去了胶片的曝光和处理程序,但观察者靠近射线源,所以射线剂量受到限制。为提高探伤效率,满足生产中大批工件的自动检测要求,目前普遍采用的是 X 射线电视探伤技术。

工业应用最多的 X 射线电视探伤装置如图 8-8 所示。该装置主要由 X 射线源、图像增强器、摄像管和显示器等部分组成。该装置将被摄图像成像到摄像管的光电阴极上,通过有规律的扫描从摄像管中取出图像信号,经放大后用电缆传送到显像管再现出光信号。

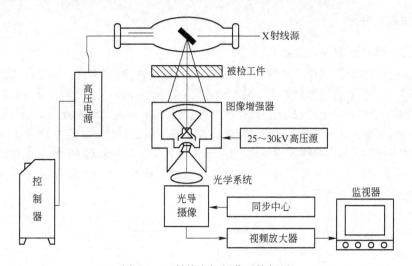

图 8-8 X 射线电视探伤系统框图

8.4 超声检测

8.4.1 超声波检测的基本原理

超声波检测是利用超声波的物理性质,即通过某些介质的声速、声波衰减和声阻抗等声学特性来检测材料缺陷的一种无损检测方法。

超声检测中应用最广泛的物理量是介质的声速。首先,介质的声速与介质的许多特性如介质的成分、混合物的比例、溶液的浓度等有直接或间接的关系,利用这些关系,就可以通过测量声速来检测介质的这些参数。第二,介质的声速与介质所处的状态如介质的温度、压力、流速等有关,因此可以通过测量声速来测量温度、压力、流速等参数。第三,如果某一介质的声速已知,利用声波传播的距离和传播的时间或利用声波波长和频率之间的关系即可测量距离。

利用声阻抗或声衰减与介质某些特性之间的关系来测量介质的相关特性参数也是常用的超声检测原理。

8.4.2　超声波传感器

将超声波发射出去,然后再接收回来并变成电信号的装置叫作超声波传感器,也叫超声波探头。超声波传感器根据其工作原理的不同可分为压电式、磁滞收缩式、电磁式。

目前应用数量最多的超声波传感器是以压电效应为原理的超声波传感器,它将来自发射电路的电脉冲加到压电晶片上,变成同频率的机械振动,从而向被检测对象辐射出超声波。同时,它又将从声场中反射回来的声信号转换成电信号,送入接收、放大电路,变为可在荧光屏上观察和判断的检测信号。

探头的基本形式有直探头和斜探头,直探头主要用于发射和接收垂直于探头表面的纵波,斜探头的压电晶片与探头表面成一定倾角,常用的有横波探头、表面波探头和板波探头,其他各种探头都可以说是它们的变型。

为增大声能的透过率,使声波更好地传入工件,常用液体如有机油、甘油、水玻璃等作为耦合剂置于探头与工件之间。

8.4.3　超声探伤技术

8.4.3.1　脉冲反射法和穿透法

脉冲反射法是由超声波探头发射脉冲波到工件内部,通过观察来自内部缺陷或工件底面反射波的情况来对工件进行检测的方法。图 8-9 显示了接触法单探头直射声束脉冲反射法的基本原理。当工件中不存在缺陷时,显示波形中仅有发射脉冲 T 和底面回波 B 两个信号。而当工件中存在缺陷时,在发射脉冲与底面回波之间将出现来自缺陷的回波 F。通过观察 F 的高度可对缺陷的大小进行评估,通过观察回波 F 距发射脉冲的距离,可得到缺陷的埋藏深度。当材质条件较好且选用探头适当时,脉冲回波法可观察到非常小的缺陷回波,达到很高的检测灵敏度。但是,脉冲反射法不可避免地存在盲区。

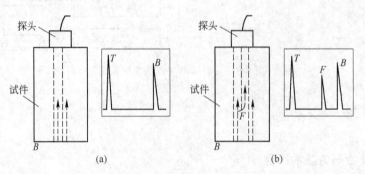

图 8-9　脉冲反射法
(a) 无缺陷;(b) 有缺陷

穿透法通常采用两个探头,分别置于工件两侧,一个将脉冲波发射到工件中,另一个接收穿透工件后的脉冲信号,依据脉冲波穿透工件后能量的变化来判断内部的缺陷情况(见图 8-10)。

当材料均匀完好时,穿透波幅度高且稳定;当材料中存在一定尺寸的缺陷或存在材质的剧烈变化时,由于缺陷遮挡了一部分穿透声能,引起声能衰减,从而使穿透波幅明显下降甚至消失。很明显,这种方法无法得知缺陷深度的信息,对缺陷尺寸的判断也十分粗略。

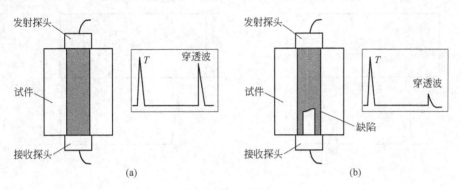

图 8-10 穿透法

(a) 无缺陷;(b) 有缺陷

脉冲反射法具有检测灵敏度高,缺陷定位精确,操作方便,只需单面接近工件等优点,在近表面分辨力和灵敏度满足要求的情况下,脉冲反射法是最好的选择。穿透法的优势在于其不存在检测盲区,缺陷的取向对穿透衰减影响不大,同时,材质衰减只有反射法的一半,因此,穿透法适用于缺陷尺寸较大的薄板以及衰减较大材料的缺陷检测。

8.4.3.2 试块

脉冲反射法探伤的测定对象是反射波的位置及其大小,测定缺陷大小的绝对值往往比较困难,因此,常采用与已知量相比较的办法来确定被检工件的状况。另外,为了保证检测结果的准确性、可重复性及可比性,必须用一个具有已知固有特性的试块来对检测系统进行校准。因此,超声检测用试块通常分为两种,即标准试块(校准试块)和对比试块(参考试块)。

标准试块是具有规定的材质、表面状态、几何形状与尺寸,用以评定和校准超声检测设备的试块。标准试块通常由权威机构讨论通过,具有法规作用,用以测试探伤仪的性能,调整灵敏度和探测范围。

参考试块是针对特定条件而设计的非标准试块,大都采用与工件材质相同或相似的材料制作。可以是人工缺陷反射体,也可以是自然缺陷,从本质上说,它与标准试块是一致的。

8.4.3.3 结果评定

纵波直探头检测时,缺陷波最大幅度的位置即为缺陷所处方位,缺陷距工件上表面的埋藏深度 l(见图 8-11)可根据工件上下边界脉冲间距 T_0 和上边界与缺陷脉冲间距 T 以及工件厚度 l_0 依下式确定:

$$l = l_0 \frac{T}{T_0} \qquad (8-4)$$

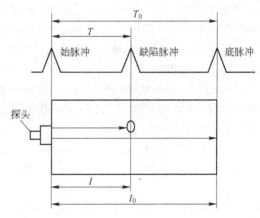

图 8-11 纵波检测缺陷位置的确定

斜探头横波检测时,缺陷位置的确定如图 8-12 所示。当找到缺陷波幅度最大的位置时,根据已知的折射角以及从仪器上读出的声程(x_f)、深度(d_f)或水平距离(l_f)即可通过简单的几何关系算出其他位置数据。在计算缺陷深度时,需注意二次波的检测情况。

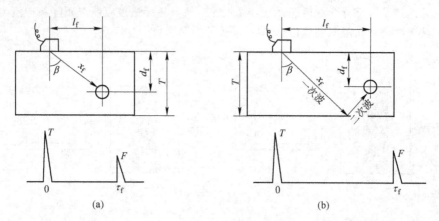

图 8-12　横波检测缺陷位置的确定
(a) 一次波;(b) 二次波

　　缺陷尺寸的评定方法按缺陷尺寸相对于声束截面尺寸的大小分为两种情况,缺陷小于声束截面时用当量尺寸评定法,缺陷大于声束截面时用缺陷指示长度测定法。当量法是将缺陷的回波幅度与参考试块缺陷的回波幅度进行比较,两者相等时以参考试块的缺陷尺寸作为缺陷当量。缺陷指示长度的测定,是通过向缺陷两端移动探头,同时观察缺陷波幅度的变化,以缺陷波幅度降到某一值时探头移动的距离作为所测缺陷的长度。

8.4.3.4　钢板检测

　　钢板的内部缺陷大多是与板面平行的扁平状缺陷,对于厚板,大多采用纵波探伤,板厚小于 6 mm 的薄板可采用板波探伤。

　　用接触法探伤厚板时,往往用于小面积缺陷的探伤和抽查,对于大面积擦伤和批量探伤,大多采用水浸法。应用水浸法探伤可以减少探头近场区的影响,为了消除钢板上表面的多次界面反射波和钢板多次底面反射波在荧光屏上的相互干扰,可采用通过调节水层厚度来改变声波在水中的传播时间,达到钢/水界面的多次反射波与底面的多次反射波相重合,即采用多次重合法进行探伤。同时,还可以根据钢板底面多次回波的高度变化来判定声衰减的快慢,从而确定缺陷的严重程度。也可采用穿透法对板材进行探伤。

　　板厚小于 6 mm 的薄板通常采用板波探伤,这是因为板波对薄板中的缺陷比较敏感,且传播距离大,探伤速度快,易于实现自动化。

　　板波探伤中,对板材采用不同的入射角时就会激发出不同波型的板波,从而对不同性质和位置的缺陷有不同的灵敏度。因此,在探伤前最好通过试验来确定哪一种波型对探伤的板材具有最高的灵敏度和较小的损耗。

思　考　题

8-1　简述涡流检测技术的检测原理、适用领域及主要特点。
8-2　如何正确选择管棒材在线探伤用检测线圈?
8-3　简述磁粉检测原理。
8-4　磁粉检测有哪些主要特点? 试说明其适用范围。
8-5　为什么要选择最佳磁化方向,选择工件磁化方法应考虑的主要因素有哪些?

8-6 简述射线检测原理。

8-7 试说明射线检测的适用范围及其优缺点。

8-8 简述超声检测的基本原理。

8-9 试说明用脉冲反射法确定缺陷大小和深度的检测方法。

8-10 试说明超声检测试块的作用。

附录　轧制测试技术实验

实验一　电阻应变片的粘贴

一、实验目的

(1) 了解应变片的结构。

(2) 初步掌握常用纸基丝式电阻应变片的粘贴技术及粘贴质量检查方法。

(3) 为后续电阻应变测量的实验做好准备工作。

二、实验内容

(1) 应变片的外观检查及阻值分选。

(2) 应变片的粘贴工艺。

(3) 粘贴质量检查。

三、实验用仪器、工具及材料

(1) 刀片、镊子等。

(2) 纸基丝式片,每组 4 片。

(3) 圆筒形传感器,每组一只。

(4) 万用表、惠斯登电桥、兆欧表、放大镜、红外线灯。

(5) 502 或 914 黏结剂,酒精(或丙醇)、座校纸、氟氢纸、透明胶带等。

四、实验方法和步骤

(一) 检查应变片

1. 外观检查

用 10 倍以上放大镜检查应变片主体排列是否整齐,是否有霉点、锈斑等缺陷,引出线(特别是引出线与丝栅的焊点处)是否有折断的危险,基底和覆盖层(特别是基底)是否有破损部位;用万用表电阻挡检查应变片是否断路、短路等。发现不合格者应及时更换。

2. 阻值检查

经过外观检查后合格的应变片,每片都应进行电阻值检查。用惠斯登电桥逐片测量应变片的阻值,记下每片阻值,其值要求精确到 $0.1\,\Omega$。同一批使用的应变片电阻值的误差范围,一般不超过 $\pm0.3\,\Omega$,不合格者不予采用。

3. 配桥

要求组成电桥的各臂阻值大致相等(即 $R_1 \approx R_2 \approx R_3 \approx R_4$),或相对臂之积大致相等(即 $R_1 \cdot R_3 \approx R_2 \cdot R_4$),其最大误差限制在 $0.5\,\Omega$ 以内,否则电桥不易平衡。

(二) 选择应变片的粘贴位置

贴片位置应尽量离开应力集中处(测定应力集中情况除外)。对于本实验用的圆筒(柱)形弹性元件,应将应变片贴在弹性元件的中间,均布于四周且横、竖交错(见附图 1),这样可以消除圆筒(柱)体端面上接触摩擦、不均匀载荷、偏心载荷和温度的影响。

（三）贴片部位的表面处理

1．机械清理

去除弹性元件表面的氧化铁皮、铁锈、污垢等，并使其达到所需的表面粗糙度。根据弹性元件的表面状态，先用粗砂布打磨，然后用细砂布打磨，最后用细砂布沿与轴线成45°角的方向交叉打磨，以增加滑动阻力，提高黏附力(见附图2)。打磨的面积均为应变片面积的2～3倍，其表面粗糙度 R_a 以0.8～1.6为宜，太粗糙或太光滑都不易使应变片粘牢。

2．化学清理

用镊子夹住脱脂棉蘸酒精(或丙酮、四氯化碳)对表面进行清洗，直到棉球不见黑为止。

注意，贴片人员的双手亦应保持清洁，严禁用手指触摸清洗过的表面。最后，将弹性元件放在红外线灯下，烘干其表面的潮气。

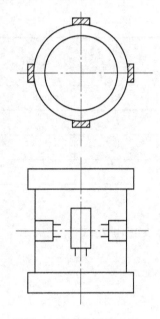

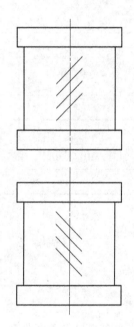

　　　　附图1　贴片位置示意图　　　　　　　附图2　贴片位置打磨示意图

（四）应变片的定位

为保证测量精度，应使应变片的粘贴位置正确而不歪斜。在座校纸上按贴片位置刻出比应变片基底稍大的空位，然后将它贴在弹性元件上，以备贴片时用。

（五）配胶

914快速固化环氧树脂粘接剂是由新型的环氧树脂和新型的胺类固化剂组成。分成 A(树脂)和 B(固化剂)两组，可按质量比 $6(A):1(B)$ 或体积比 $5(A):1(B)$ 配制，两组混合后即可使用。每次配制后的使用寿命为5 min，室温放置一小时可固硬，3 h基本固化。

（六）贴片

(1)用有机玻璃块将预先配好的胶在弹性元件定好的方向和位置上薄薄地打上一层底胶，然后在应变片的基底(注意分清哪面是基底)上抹薄薄的一层，再将应变片粘贴到预定位置上。

(2)在应变片上面放一层玻璃纸(即氟氢纸)或透明的塑料薄膜，随后用拇指指肚小心轻轻地挤压应变片，以挤出多余的黏接剂和黏接层中的气泡。挤压时，不能使应变片错动，用力要适中,不能过大,以免使应变片丝栅变形和引线焊接点下面的基底被压破而破坏其绝缘性。

（七）加压固化

为防止应变片在黏接剂干燥过程中发生翘曲,故在贴片之后,先在其上面放上一层玻璃纸,再垫上一层橡胶,外面用白布条裹紧,在常温下放置12～24 h待其完全固化。

（八）将贴好片的弹性元件填写好

将贴好片的弹性元件写上班级和同组人员姓名,准备下一次实验用。

五、实验报告

（1）简述对本次实验的心得体会,包括碰到的问题及其解决的方法等。

（2）应变片在弹性元件上是怎样布置的,为什么?

（3）正确填写下表:

班级＿＿＿＿＿＿＿＿＿姓名＿＿＿＿＿＿＿＿＿同组人员＿＿＿＿＿＿＿＿＿

名称 序号	＿＿＿＿＿号弹性元件			
电阻片	R_1	R_2	R_3	R_4
应变片电阻值/Ω				
应变片与弹性体绝缘电阻/MΩ				
贴片位置图				

实验二　组桥接线及防潮处理

一、实验目的

（1）熟悉组桥接线工艺及防潮处理。

（2）掌握应变片粘贴质量检查。

（3）掌握半桥、全桥接线方法。

二、实验内容

（1）粘贴质量检查。

（2）组桥接线。

（3）桥路检查。

（4）防潮处理。

三、实验仪器及材料、工具

（1）兆欧表、万用表、弹性元件。

（2）放大镜、电烙铁、镊子、剪刀等。

（3）印刷电路板(连线端子),502胶水,松香,黄蜡,焊锡,胶质导线,导管等。

四、实验方法及步骤

（一）粘贴质量检查

1. 外观检查

用放大镜观察固化后的应变片是否粘牢,敏感栅有无变形、折皱、翘曲等,并注意黏接层中是否存在气泡。

2. 电阻值检查

用万用表 $R \times 1$ 挡测量各片阻值,其值在粘贴前后应无较大变化。

3. 绝缘电阻检查

用兆欧表(500 V)检查应变片与弹性元件之间的绝缘电阻是否合乎要求,一般应大于 500 MΩ,本实验用绝缘电阻值大于 50 MΩ 即可,低于此值将会严重地影响到测量信号的稳定性。

（二）组桥接线

1. 粘贴端子

为了防止应变片在连线和焊接过程中被拉断,需要在应变片的附近粘贴端子。先将端子用砂纸把敷铜表面的氧化层擦干净,然后将端子的另一面粘贴在应变片引线的适当位置,贴稳后等待组桥焊接。

2. 组桥接线

先在应变片引线上导上导管(为了绝缘),然后在端子上点上少量焊锡,按一定的组桥方式(见附图 3),将应变的引线和引出导线用镊子夹住,将其焊在端子上,多余的引线用剪刀剪掉。

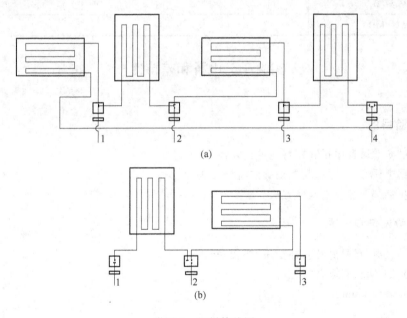

附图 3　组桥接线图

(a) 全桥接法；(b) 半桥接法

注意:

(1) 焊点一定要光滑焊牢,严防虚焊,焊锡不宜过多,焊接时间不应过长,一般 3～5 s 即可。

(2) 连接线线头尽量剥短些,以免线头裸露部分和弹性元件相碰。

(3) 连线时,要注意邻臂和对臂的关系。实验中,为便于区分,对臂用相同颜色的导线,邻臂用不同颜色的导线。

（三）桥路检查

(1) 焊点是否焊牢,发现虚焊应重焊。

(2) 测量电阻值:两相邻臂阻值相同,两相对臂阻值相同。

(3) 绝缘电阻检查:桥臂中任一抽头与弹性元件之间的绝缘电阻在 50 MΩ 以上。

（四）防潮处理

将黄蜡(60 % ~70 %)和松香(30 % ~40 %)混合,熔化后用毛笔在应变片上涂上一层(不宜太厚),并用白布条缠好。

五、实验报告

(1) 简述对本实验的心得体会,包括实验中碰到的问题及解决方法等。

(2) 虚焊是怎样形成的,怎样消除?

(3) 画出 4 片工作片和 4 片补偿片组成全桥的原理图和接线图。

(4) 正确填写下表。

班级＿＿＿＿＿＿＿　姓名＿＿＿＿＿＿＿　同组人员＿＿＿＿＿＿＿

试件阻值	＿＿＿＿＿＿号弹性元件
对端/Ω	
邻端/Ω	
绝缘/MΩ	

实验三　电桥和差特性

一、实验目的

(1) 通过实验验证电桥和差特性的正确性。

(2) 根据电桥和差特性,掌握正确的组桥方法。

(3) 初步掌握应变仪的操作方法。

二、实验设备和仪器

(1) 等强度梁(已贴好片),补偿块,加载砝码。

(2) YD -21 动态电阻应变仪。

(3) 毫安表(100 mA)。

三、实验内容

对不同方式的组桥所得实验结果进行比较,理解电桥和差特性。电桥的输出电压 ΔU 与各桥臂应变片产生的应变 ε_i 有下列关系:

$$\Delta U = \frac{U_0 K}{4}(\varepsilon_1 - \varepsilon_2 + \varepsilon_3 - \varepsilon_4)$$

其中 ε_1、ε_2、ε_3、ε_4 分别为各桥臂应变片产生的应变值,K 为应变片的灵敏系数,一般 $K = 2.0$,

U_0 为供桥电压。

四、实验方法和步骤

（1）学习使用动态电阻应变仪（动态电阻应变仪使用和连接参见使用说明书）。

（2）用应变梁和补偿块分别按下列方式组桥（应变梁和补偿块的贴片方式见附图4），并接入电阻应变仪电桥盒。

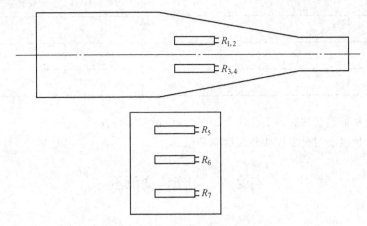

附图4　应变梁和补偿块的贴片图

（3）调电桥平衡。应变仪衰减挡选用"5"或"2"，电流表用 100 mA 量程。

（4）在等强度梁的自由端加载 2 kg，并记下各种组桥方式下毫安表的输出值。

1）用应变梁的一片作单臂加载[见附图5(a)]。

2）接邻臂同号加载再接邻臂异号加载[见附图5(b)]。

3）接对臂同号加载再接对臂异号加载[见附图5(c)]。

4）用应变梁的 4 片接成四臂各邻臂异号加载[见附图5(d)]。

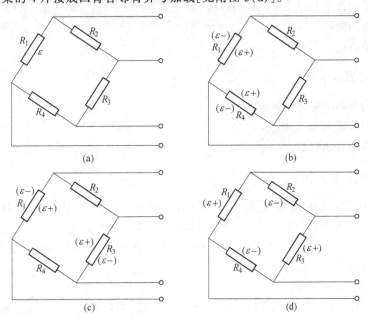

附图5　各种组桥方式

注：此为定性实验,忽略由贴片及其他环节带来的误差,每次加载前注意毫安表指针是否指零。若毫安表指针反转,可将其表笔换接。

五、实验报告

(1) 将实验结果填入表格。

接桥方式	单臂	邻臂同号	邻臂异号	对臂同号	对臂异号	四臂异号
加载重量/kg						
输出电流/mA						
与单臂输出比						

(2) 结合电桥输出公式解释实验结果,并得出电桥和差特性要点。

(3) 讨论全桥接法时是怎样实现温度自补偿的。

实验四　动态应变测量

一、实验目的

(1) 掌握动态应变测量的基本方法。

(2) 学会动态应变仪与记录仪器的操作。

(3) 学会对动态应变曲线进行分析。

二、实验内容

(1) 振动子的选用及光线示波器的操作。

(2) 动态振动测量。

(3) 分析动态应变曲线。

三、实验装置与仪器

(1) 可提供动态应变的加载装置。

(2) YD -21 动态电阻应变仪。

(3) SC -20 光线示波器。

四、实验方法与步骤

动态应变测量实验系统由加载装置、动态电阻应变仪和记录仪器三部分组成。其中加载装置为一个在自由端有动载荷激振的悬臂梁,在梁的自由端垂直方向上,受到一个近似正弦规律变化的动载荷。在本实验中,重点是通过对悬臂梁的动态应变进行测量,掌握动态电阻应变仪、光线示波器的操作方法。

(1) 动态电阻应变仪的连接与调试。

(2) 接桥。在本实验中采用半桥、全桥两种连线方式,如附图 6 所示。在半桥连线时电桥盒的接线柱 1 和 5,2 和 6,3 和 7,4 和 8 用短接片短接,其输出为悬梁上应变片 $R1$、$R3$ 的应变曲线。在全桥连接时其输出为半桥连接时的二倍。

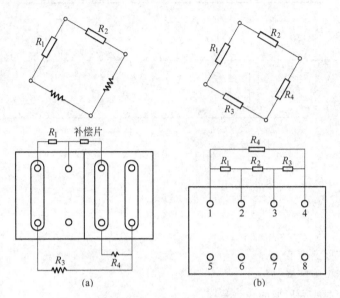

附图 6　半桥和全桥的连接

(a) 半桥连接；(b) 全桥连接

(3) 根据被测动态应变的大小与频率选择振子,将此振子插入光线示波器测量通道的振子插座上。为振子安全起见可先将振子外接电阻调节到"0"位置上。

(4) 电阻应变仪平衡调节后,将输出线一端二芯插头插入其后面板输出插口中,另一端接线又按正负与光线示波器测量通道连接。

(5) 接通光线示波器的电源插头,打开在后面板上的电源开关,此时在前面板上的电表应指示 220 V,电动机转动,电源指示灯亮,磁系统恒温装置工作,预热约 10 min。

(6) 按启辉按钮,将高压水银灯点亮,一般点燃 10 min 后灯的亮度方能达到正常,移动光点光栅及分格线光栅,通过观察屏观察光点并使其聚成细小光点。

(7) 松开振子止动螺钉,用专用工具前后或左右转动振子,使其光点在记录纸选定的位置上,然后拧紧止动螺钉。

(8) 将应变仪标定开关放在所选择的位置上,按下光线示波器电机按钮并锁牢,纸速放在每秒 10 mm 一档,应变仪标定开关放在"0"位置时,按下拍摄按钮,记录纸行走一小段距离(约30～40 mm),即放开拍摄按钮,此时记录纸记下应变零线位置。将标定开关拨到"＋"位置上并给定应变值 100 $\mu\varepsilon$,重复上面过程,记录纸记录下所选择标定正应变值线段;再将标定开关拨至"－",同样方法可得到所选择标定负应变值线段。

(9) 根据动态应变的频率或变化速度选择适当的纸速及时标,将悬臂梁自由端一端加振动载荷,按下拍摄按钮,记录纸上即记录下动态应变曲线。

(10) 停止振动载荷后,重复(8)过程,在动态曲线后又可得到一标定线。

(11) 将送出的记录纸撕下,在日光下第二次曝光 5～50 s,即可呈现被记录的曲线。

(12) 完整的记录曲线应如附图 7 所示。

其中:

正应变最大值: $\varepsilon_{\max} = \left(\varepsilon_0 / \dfrac{H_1 + H_2}{2} \right) \times h_1 \quad (\mu\varepsilon)$

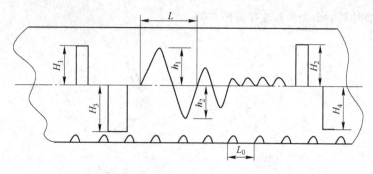

附图 7　动态曲线

负应变最大值：$\varepsilon_{\max} = (\varepsilon_0 / \dfrac{H_3 + H_4}{2}) \times h_2$　（$\mu\varepsilon$）

频率：$f = \dfrac{L_0}{L} \times n$　（Hz）

式中　　ε_0——选定标定应变，$\mu\varepsilon$；

　　　　n——时标振子频率，周/s；

　　　　L——应变曲线一周期的相当长度。

五、实验报告

（1）简述动态应变测量的方法。

（2）根据记下的应变曲线，求出悬臂梁最大应变值及应变频率。

（3）讨论动态应变测量特点。

实验五　测力传感器的标定

一、实验目的

掌握测力传感器的标定方法，学会绘制传感器的标定曲线。

二、实验内容

（1）进一步熟悉应变仪和光线示波器的使用。

（2）在材力机上对传感器进行标定。

（3）整理数据并绘制标定曲线。

三、实验仪器、设备

（1）动态电阻应变仪，光线示波器，传感器（自己贴的）。

（2）万能材力试验机。

四、实验方法和步骤

传感器在正式测定前，需要在材力机或专用压力机上进行标定。所谓标定，就是用一系列已知的标准载荷（由材力机或专用压力机给出）作用在传感器上，然后确定出一系列标准载荷与输出信号(电流、电压或示波图形高度)之间的对应关系,以此关系来度量传感器所承受的未知载荷的大小。

具体方法如下:

(1) 将应变仪接通电预热,按规定调初始平衡。

(2) 示波器接通电源,选择并安装振子,调节光点位置。

(3) 连接测力传感器,应变仪和示波器,并进行平衡调节。

(4)将测力传感器放在材力机上,对正中心。开动材力机,并慢慢加载到测力传感器的额定压力值。由零载到满载之间反复加载多次(至少三次),以消除传感器各部件之间的间隙和机械滞后,改善其线性。在加载过程中根据输出信号大小调整仪器,如应变仪的衰减挡,示波器光点位置、跳动方向、记录纸前进速度等。

(5) 对仪器最后调整后,打"电标定"进行标定前的第一次电标定,并记录。

(6) 正式标定。对传感器进行正式标定加载,从零载到额定载荷之间加载三次。标定时应将载荷分成若干梯度,每个梯度载荷要相对稳定 10~20 s,以便拍照记录。

(7) 检查传感器输出信号是否线性,复查仪器各旋钮位置及连线是否正确,示波图是否完整。经复查无误后,进行第二次"电标定"并记录,以判断仪器工作状态是否稳定。

(8) 仪器工作状态的记录:标定时仪器工作状态力求和实测时相同,这一点对于使用动态电阻应变仪测量时尤为重要。例如:应变仪通道号、放大倍数,记录器都应相同,否则标定结果无效。具体记录项目如下:

1) 传感器编号

2) 应变仪编号_____ 应变仪通道_____ 电桥盒编号_____ 衰减挡位

3) 示波器编号_____ 示波器通道_____ 振子型号

4) 第一次电标定_____ ± με _____ mA

5) 第二次电标定_____ ± με _____ mA

6) 加载设备

实验结果:

次数 \ 输出 加载				
第一次				
第二次				
第三次				
平　均				

五、实验报告

(1) 简述标定方法。

(2) 在坐标纸上绘制标定曲线,分析标定结果。

(3) 对实验中出现的问题进行分析。

实验六　扭矩的测量与标定

一、实验目的

(1) 掌握扭矩的测量方法。

(2) 掌握扭矩间接标定方法之一的应变仪给定应变法,确定扭矩值的操作程序。

二、实验仪器、装置

(1) 扭矩仪。

(2) YD -21 动态电阻应变仪。

(3) 毫安表(100 mA)。

三、实验原理

扭转时圆轴的扭矩计算公式为

$$M_K = \tau W_K$$

对于实心圆轴:

$$W_K = 0.2D^3 \qquad M_K = 0.2D^3 \cdot \tau$$

根据广义胡克定律可得:

$$\tau = \frac{E\,\varepsilon_1}{1+\mu} = \frac{-E\,\varepsilon_3}{1+\mu}$$

所以
$$M_K = \frac{0.2ED^3}{1+\mu} \times \varepsilon_1 = \frac{0.2ED^3}{1+\mu} \times \varepsilon_3$$

式中　$E = 2.1 \times 10^6 \mathrm{kg/cm^2}$;

　　　$\mu = 0.285$;

　　　$D = 20 \ \mathrm{mm}$。

实验要求用应变仪给定应变法(即电标法)测出 $\varepsilon_i(\mu\varepsilon)$,然后通过计算求出 M_K,再与实际所加扭矩 M_G 对比得到验证。

$$M_G = G \cdot L \qquad L = 200 \ \mathrm{mm}$$

四、实验方法和步骤

(1) 按图连线,如附图 8 所示。

(2) 按应变仪操作步骤,调初始平衡;然后将标定旋钮拨到"0",衰减旋钮从"100"拨到"2",分别调节电阻、电容平衡使电桥平衡。

(3) 将标定旋钮拨到"+"或"-",第一次电标定,给出 ±100με,记录毫安表读数为 $I_{标1}$。如果指针反向偏转,可将表笔"+、-"端换接。标定完毕,将标定旋钮拨回"0"。

(4) 将五个砝码依次加载,并记录相应的电表读数 I_1, I_2, I_3, I_4, I_5。

(5) 全部卸载,若指针不回到零位应重新调整电阻电容平衡使之回零位。

(6) 重复 4、5 步,共做三次。

(7) 第二次电标定,同第三步,读数为 $I_{标2}$。

(8) 关掉电源,各旋钮调到正常位置。

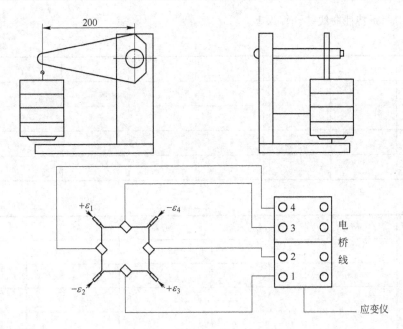

附图 8　扭矩标定示意图

五、分析数据

（1）按下列计算应变量：

$$\varepsilon_{M1} = \frac{\varepsilon_{标} \times 10^{-6}}{\dfrac{I_{标1} + I_{标2}}{2}} \cdot \frac{I_{1cp}}{4} \cdot \frac{K_0}{K_n K_R K_l}$$

$$\vdots$$

$$\varepsilon_{M5} = \frac{\varepsilon_{标} \times 10^{-6}}{\dfrac{I_{标1} + I_{标2}}{2}} \cdot \frac{I_{5cp}}{4} \cdot \frac{K_0}{K_n K_R K_l}$$

式中　$\varepsilon_{标}$——给定的标定应变值，$\varepsilon_{标} = 100\ \mu\varepsilon$；

I_{cp}——三次读数的平均值；

K_0——应变仪设计应变片灵敏系数，$K_0 = 2.0$；

K_n——应变片实际灵敏系数，$K_n = 2.16$；

K_R——应变片阻值修正系数 $K_R = 1.0$；

K_l——连接导线修正系数 $K_l = 1.0$。

（2）计算 $M_{K1} \sim M_{K5}$。

（3）在坐标纸上绘制 $M_G = f(I)$ 特性曲线。

（4）在同一坐标纸上绘制 $M_K = f(I)$ 特性曲线。

（5）结论。两条特性曲线应该是线性的，并且两条特性曲线应基本重合，不重合部分为测量误差。

六、实验报告

（1）计算测量数据，并将结果填入表中。

（2）画出两条特性曲线并计算误差。

表 1

电 流	I_1	I_2	I_3	I_4	I_5	$I_{标1}$	$I_{标2}$
第一次							
第二次							
第三次							
平　均							

表 2

给定 M_G	M_{G1}	M_{G2}	M_{G3}	M_{G4}	M_{G5}
实测 ε_M	ε_{M1}	ε_{M2}	ε_{M3}	ε_{M4}	ε_{M5}
M_K					
$\delta\%$ 误差					

实验七　轧制力能参数综合测试

一、实验目的

（1）通过对实验轧机进行多参数的综合测试，掌握轧机力能参数综合测试的各个环节，使已学过的测试理论及测试技术在本实验中得到综合运用，为今后的现场实测打下基础。

（2）了解计算机的测试采集系统。

二、实验内容

（1）轧机力能参数的测试。

（2）扭矩在线标定。

（3）各种参数的数据处理。

三、实验仪器及设备

（1）动态电阻应变仪。

（2）光线示波器。

（3）分压器及分流器电阻箱。

（4）四辊轧机。

（5）计算机测试系统。

四、实验方法与步骤

（1）首先将轧机压下螺丝的安全臼换上已标定过的转换元件（即压头），把转换元件的桥路线接到应变仪的电桥盒上,然后把应变仪输出端连到示波器的输入端。

（2）将已标定好的被测轴安装好后,把集流环上的铜辫子固定好,将其扭矩桥路引出线接到应变仪的电桥盒上,应变仪的输出端连到光线示波器的某振子上。

（3）把前张力和后张力的转换元件安装好,将其引线也分别接到应变仪的电桥盒上,应变仪的输出端接到示波器的振子输入端。

（4）将轧机的电机电枢两端电压引到安全开关上,而后再由开关另外一端连接到分压器的输入端,分压器的输出端连到光线示波器的振子上,然后把分压器的粗调旋钮调到事先计算好的某挡,将细调旋钮逆时针方向调到最大。

（5）将轧机配电盘上的分流器引出线接到安全开关上,再由开关另一端引到示波器的振子上,即可测得轧机工作时的电机电流。

（6）从测速发电机的电枢两端引出线接到分压器的输入端,然后由分压器的输出端接到光线示波器振子上,其中速度事先标定过 $h = f(n)$。

（7）调整好仪器平衡,光线示波器的各个信号排好后,与信号对照一下,并在示波器的记录纸上标记各种信号代表什么参数。

（8）备好一批试料,记好料的材质并测量试料轧前厚度 H、宽度 B,每轧一次光线示波器拍照一次,从而记录各个参数的光点移动轨迹,轧后再测量一下轧件的厚度 h、宽度 b。以备整理信号记录各个参数,并将各个道次写在记录纸上。

五、计算机采集系统

本实验只是要求学生对计算机采集系统在轧机参数测试中的应用有初步的了解和认识,了解它的硬件组成和软件使用。

（1）硬件组成,如附图 9 所示。

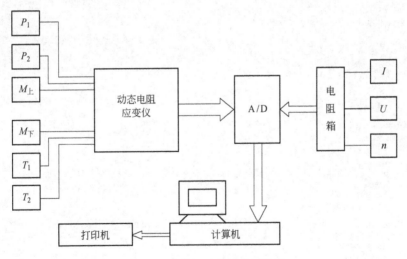

附图 9　计算机采集系统配置图

（2）软件的使用:

1）各参数的采集和换算。

2）自动采集轧制过程参数。

3）参数的数值显示。

4）轧制过程参数曲线的显示。

5）自动存档,建立参数文件。

6）自动打印报表。

六、实验报告

（1）应变仪型号：　　　　　　通道号：　　　　衰　减：　　　　输出电阻：

（2）光线示波器型号：　　　　通道号：　　　振子型号：　　　振子编号：

（3）分压器型号：　　　　　分压粗调旋钮挡位：　　　　　　　分流粗调旋钮挡位：

（4）将试件每道次的轧制力、力矩、张力、电机功率以及转速等各个参数从记录纸上查出填写在表格中。

信号名称	轧件尺寸				轧制力			扭 矩			电功率			张 力		转 速
信号参数	轧前		轧后		P_1	P_2	$P_总$	$M_上$	$M_下$	$M_总$	I	U	P	前张	后张	n
道次	B	H	b	h										T_1	T_2	
第一道																
第二道																
第三道																
第四道																
第五道																

参 考 文 献

1　黎景全. 轧制工艺参数测试技术. 北京:冶金工业出版社,2002

2　喻廷信.轧钢测试技术.北京:冶金工业出版社,1986

3　董海森,王蕾.机械工程测试技术学习辅导.北京:中国计量出版社,2004

4　沈久珩主编.机械工程测试技术.北京:冶金工业出版社,1985

5　梁得沛,李宝丽主编.机械工程参量的动态测试技术.北京:机械工业出版社,1998

6　吴正毅主编.测试技术与测试信号处理.北京:清华大学出版社,1991

7　喻廷信. 轧制测试技术. 北京:冶金工业出版社,1997

8　周生国,李世义.机械工程测试技术.北京:国防工业出版社,2005

9　王益全等.电机测试技术.北京:科学出版社,2004

10　王家桢等.传感器与变送器.北京:清华大学出版社,1996

11　张锡纯等.电子示波器及其应用.北京:机械工业出版社,1997

12　李汉中等.小型连轧机的工艺与电气控制.北京:冶金工业出版社,2000

13　才家刚.电机试验技术及设备手册.北京:机械工业出版社,2004

14　丁修堃. 轧制过程自动化. 北京:冶金工业出版社,2005

15　赵刚,杨永立. 轧制过程计算机控制系统. 北京:冶金工业出版社,2003

16　席宏卓.产品质量检测技术.北京:中国计量出版社,1997

17　郑申白,初元璋.现代轧制参数检测技术.北京:中国计量出版社,2005

18　任吉林,林俊明,高春法.电磁检测.北京:机械工业出版社,2000

19　中国机械工程学会无损检测学会.无损检测概论.北京:机械工业出版社,1993

20　中国机械工程学会无损检测分会.磁粉检测.北京:机械工业出版社,2004

冶金工业出版社部分图书推荐

书　名	作　者	定价（元）
电机拖动与继电器控制技术（高职高专教材）	程龙泉	45.00
电工基础及应用、电机拖动与继电器控制技术 实验指导（高职高专教材）	黄　宁	16.00
单片机及其控制技术（高职高专教材）	吴　南	35.00
单片机应用技术（高职高专教材）	程龙泉	45.00
单片机应用技术实验实训指导（高职高专教材）	佘　东	29.00
PLC 编程与应用技术（高职高专教材）	程龙泉	48.00
PLC 编程与应用技术实验实训指导（高职高专教材）	满海波	20.00
变频器安装、调试与维护（高职高专教材）	满海波	36.00
变频器安装、调试与维护实验实训指导（高职高专教材）	满海波	22.00
模拟电子技术项目化教程（高职高专教材）	常书惠	26.00
组态软件应用项目开发（高职高专教材）	程龙泉	39.00
电子技术及应用实验实训指导（高职高专教材）	刘正英	15.00
供配电应用技术实训（高职高专教材）	徐　敏	12.00
电工基本技能及综合技能实训（高职高专教材）	徐　敏	26.00
工程图样识读与绘制（高职高专教材）	梁国高	42.00
工程图样识读与绘制习题集（高职高专教材）	梁国高	35.00
焊接技能实训（高职高专教材）	任晓光	39.00
焊工技师（高职高专教材）	任晓光	40.00
液压与气压传动系统及维修（高职高专教材）	刘德彬	43.00
冶金过程检测与控制（第 3 版）（高职高专国规教材）	郭爱民	48.00
矿山地质（第 2 版）（高职高专教材）	包丽娜	39.00
矿井通风与防尘（第 2 版）（高职高专教材）	陈国山	36.00
高等数学简明教程（高职高专教材）	张永涛	36.00
现代企业管理（第 2 版）（高职高专教材）	李　鹰	42.00
应用心理学基础（高职高专教材）	许丽遐	40.00
管理学原理与实务（高职高专教材）	段学红	39.00
汽车底盘电控技术（高职高专教材）	李明杰	29.00
汽车故障诊断技术（高职高专教材）	李明杰	28.00
电工与电子技术（第 2 版）（本科教材）	荣西林	49.00
计算机应用技术项目教程（本科教材）	时　巍	43.00
FORGE 塑性成型有限元模拟教程（本科教材）	黄东男	32.00
自动检测和过程控制（第 4 版）（本科国规教材）	刘玉长	50.00
自动化专业课程实验指导书（本科教材）	金秀慧	36.00
机电类专业课程实验指导书（本科教材）	金秀慧	38.00
金属挤压有限元模拟技术及应用	黄东男	38.00
粒化高炉矿渣细骨料混凝土	石东升	45.00